HANS LAHRES

Einführung in die diskreten Markoff-Prozesse und ihre Anwendungen

DIE WISSENSCHAFT

Sammlung von Einzeldarstellungen aus allen Gebieten
der Naturwissenschaft

Herausgegeben von Prof. Dr. Wilhelm Westphal
und Hans Rotta

HANS LAHRES

Einführung in die diskreten Markoff-Prozesse und ihre Anwendungen

Mit 11 Abbildungen

SPRINGER FACHMEDIEN
WIESBADEN GMBH

DIE WISSENSCHAFT

Band 120

Das Kuratorium des Preisausschreibens zum
175 jährigen Bestehen des Verlages hat dem
Verfasser für dieses Werk einen Preis zuerkannt

ISBN 978-3-322-97930-8   ISBN 978-3-322-98478-4 (eBook)
DOI 10.1007/978-3-322-98478-4

1964

Vorwort

Die Theorie der stochastischen Prozesse hat in den letzten Jahren eine stürmische Entwicklung erlebt. Die vorliegende Arbeit möchte den Leser mit den elementaren Ergebnissen eines speziellen Teilgebiets, den diskreten Markoff-Prozessen, vertraut machen. Sie wendet sich sowohl an den mathematisch interessierten Leser wie an den, der sich hauptsächlich für die Anwendungen interessiert. So ist der erste Teil (I) neben der Einführung und der Grundlegung der Begriffe vor allem der mathematischen Theorie gewidmet und bringt ausführlich einen Satz über Existenz und Eindeutigkeit der behandelten Lösungen. Den Beweis dieses Satzes möge der mathematisch weniger interessierte Leser überschlagen, zumal dabei auch das Rechnen mit Matrizen vorausgesetzt wird. Im Teil II werden anschaulich die Kolmogoroffschen Gleichungen hergeleitet und für die wichtigsten Spezialfälle gelöst. Im Teil III kommt dann der praktisch interessierte Leser auf seine Rechnung. Anwendungen auf die verschiedensten Gebiete werden behandelt. Schließlich werden im Teil IV einige Realisierungen konstruiert; die Abbildungen dieses Teils können für die Lektüre der gesamten Arbeit als Anschauungshilfen dienen.

Die Angaben im Literaturverzeichnis beschränken sich auf die wichtigsten Arbeiten, in denen der Leser weitere Angaben für ein tiefergehendes Studium findet.

Ende 1963 *Hans Lahres*

Inhaltsverzeichnis

I. Diskrete Markoff-Prozesse

1. Einleitende Bemerkungen

In unserer der Sinneserfahrung zugänglichen Umwelt beobachten wir eine große Vielfalt von Vorgängen. Wenn wir diese ordnen, beschreiben und ihre Gesetzmässigkeiten erkennen wollen, müssen wir sie schematisieren, d.h. wir müssen von den unwesentlichen Begleitumständen absehen und die wesentlichen Eigenschaften des Vorgangs durch Zahlenangaben charakterisieren. Ein solches mathematisch definiertes System ist nicht mehr unsere Erfahrung eines Vorgangs, sondern nur ein Modell, das zur Beschreibung von Vorgängen dienen kann.

In manchen Fällen erweist es sich als möglich, solche Schemata zu verwenden, bei denen der Zustand y des Systems zur Zeit t durch den Zustand x des Systems zur Zeit $t = t_0$ eindeutig bestimmt ist. Dann können wir für alle möglichen Werte von x, t_0 und t eine eindeutige Funktion $y = f(x, t_0, t)$ angeben. Solche Schemata, die Schemata *wohldeterminierter Prozesse* genannt werden, treten vor allem in der klassischen Mechanik auf.

In anderen Fällen zeigt es sich jedoch, daß viele Vorgänge in *Physik, Technik und Biologie* einer solchen exakten Beschreibung nicht zugänglich sind, da ein unübersichtlicher Komplex von Ursachen ihren Ablauf bestimmt oder nicht mit Sicherheit erkannt werden kann, ob ein solcher Ursachenkomplex existiert.

So können wir, um ein einfaches Beispiel herauszugreifen, bei einem Münzenwurf keine Aussage machen, ob Kopf oder Wappen oben liegen wird. Wir bezeichnen das Ergebnis dieses Münzenwurfs als ,,zufällig'', obwohl in diesem Fall die Anfangslage der Münze, die Beschaffenheit der Münze und der Tischfläche und einige weitere Umstände das Ergebnis des Wurfs bestimmen. Jedoch lassen sich diese Gegebenheiten weder ganz genau bestimmen noch einigermaßen einfach in Beziehung zueinander setzen und damit rechnerisch auswerten.

Ebenso treten bei zeitlich veränderlichen Größen, etwa der Einwohnerzahl eines Gebietes oder der Anzahl der Telefongespräche in einer Zentrale, Schwankungen auf, die wir, da wir die einzelnen Ursachen weder kennen noch überscha en können, als ,,zufällig'' bezeichnen. Trotzdem stellen wir bei oftmaliger Wiederholung solcher Vorgänge gewisse Regelmässigkeiten fest. Diese bestehen darin, daß unter gleichen Versuchsbedingungen die relativen Häufigkeiten gewisser Ereignisse nahezu konstant sind.

Um nun solche zeitlichen Abläufe beschreiben zu können, definieren wir in geeigneter Weise mathematische Modelle. Ob ein solches Modell zur Beschreibung eines Vorgangs, zum Beispiel der Entwicklung einer Einwohnerzahl, geeignet ist, wird in der mathematischen Statistik untersucht.

Diese Arbeit will sich nur mit der Konstruktion von mathematischen Modellen beschäftigen. In den Anwendungen sollen diese Modelle nicht auf ihre Anwendbarkeit und deren Güte untersucht werden, sondern sie sollen nur in die Ausdrucksweise dieser Anwendungsgebiete übersetzt werden. Dabei wird sich auch zeigen, ob die mathematischen Voraussetzungen sinnvolle Forderungen im Bereich der Anwendungen ergeben. Selbstverständlich kommt in den meisten Fällen die Anregung für die mathematische Formulierung aus gewissen Regelmässigkeiten in den Vorgängen selbst.

2. Stochastische Prozesse

Im folgenden setzen wir die Kenntnis des Axiomensystems der Wahrscheinlichkeitsrechnung von *Kolmogoroff* und die Definition einer zufälligen Veränderlichen voraus. Während man in der klassischen Wahrscheinlichkeitsrechnung nur zufällige Veränderliche betrachtet, deren Realisierung ein n-tupel oder eine abzählbare Folge von Zahlen ist, untersuchen wir jetzt in der Theorie der stochastischen Prozesse zufällige Veränderliche, deren Realisierung eine reelle Funktion eines Parameters t ist.

Definition:

Wir nennen eine zufällige Veränderliche X_t, die von einem Parameter t abhängt, der in einer gewissen reellen Zahlenmenge I variiert, einen *stochastischen Prozeß*. Wir führen dafür die Bezeichnung $(X_t, t \in I)$ ein.

Eine wirkliche Erweiterung der klassischen Wahrscheinlichkeitsrechnung liegt erst vor, wenn I eine nicht-abzählbare Menge ist. Falls I ein endliches oder unendliches Intervall ist, sprechen wir von einem *stochastischen Prozeß mit stetiger Zeit*. Bei festgehaltenem t_0 besitzt X_{t_0} eine Wahrscheinlichkeitsverteilung, während ein Element aus der Menge $(X_t, t \in I)$ aus einer gewissen Bedingungen unterworfenen Funktion des Parameters t besteht. Jedes solche Element nennen wir eine *Realisierung*. Der Parameter t braucht in den Anwendungen nicht unbedingt die Zeit zu bedeuten; er kann ebenso den Ort oder irgendeine andere Gegebenheit repräsentieren.

Wir betrachten nun einen stochastischen Prozeß, der zur Beschreibung des zeitlichen Verlaufs einer Einwohnerzahl geeignet ist. Jetzt kann X_t in jedem Zeitpunkt t die Werte $0, 1, 2, 3, \ldots$ annehmen. Für den

Parameter t soll dabei $0 \leqslant t < \infty$ sein, d.h. der Prozeß soll zur Zeit $t = 0$ beginnen. Die Größe der Bevölkerung zur Zeit $t = 0$ sei gegeben und gleich N. Falls die Bevölkerungsgröße zur Zeit t den Wert n hat, sagen wir auch, das betrachtete System befinde sich im Zustand E_n. Unser System kann also abzählbar viele Zustände annehmen. Solche Prozesse bezeichnet man als *diskrete stochastische Prozesse*. Im Gegensatz dazu werden Prozesse, bei denen X_t Werte aus endlichen oder unendlichen Intervallen annehmen kann, als *stetige stochastische Prozesse* bezeichnet. Wir wollen uns hier nur mit den diskreten Prozessen beschäftigen.

3. Markoffsche Prozesse

Eine wichtige Klasse der stochastischen Prozesse wird von den *Markoffschen Prozessen* gebildet. Wir geben gleich die Definition für den diskreten Fall.

Definition:

Ein diskreter stochastischer Prozeß $(X_t, t \in I)$ heißt ein Markoffscher Prozeß, wenn für $n = 1, 2, 3, \ldots$ und für beliebige Parameterwerte $t_m \in I$ $(m = 0, 1, 2, \ldots, n;\ t_0 < t_1 < \ldots < t_n)$ sowie für beliebige ganze Zahlen i, j die Gleichungen $P(X_{t_n} = j / X_{t_{n-1}} = i,\ X_{t_{n-2}} = i_{n-2}, \ldots,$ $X_{t_0} = i_0) = P(X_{t_n} = j / X_{t_{n-1}} = i)$ für alle $i_0, \ldots, i_{n-2}$ gelten.

Nach der obigen Definition ist die bedingte Wahrscheinlichkeitsverteilung der zufälligen Veränderlichen X_{t_n} durch die Bedingung, daß die zufällige Veränderliche $X_{t_{n-1}}$ den Wert i annimmt, vollständig bestimmt. Zusätzliche Angaben über Werte von X_t vor dem Zeitpunkt t_{n-1} haben keinerlei Einfluß auf die betrachtete Verteilung von X_{t_n}. Wir wollen nun als Abkürzung $P(X_t = j / X_s = i) = p_{ij}(s, t)$ setzen. Diese Wahrscheinlichkeit wird die *Übergangswahrscheinlichkeit* des Prozesses aus dem Zustand E_i zur Zeit s in den Zustand E_j zur Zeit t genannt.

Für diese Übergangswahrscheinlichkeiten gilt

$$0 \leqslant p_{ij}(s, t) \leqslant 1 \quad \text{für beliebige } s, t \in I \text{ mit } s \leqslant t \text{ und}$$
$$\text{für beliebige } i \text{ und } j$$

und

$$\sum_j p_{ij}(s, t) \leqslant 1 \quad \text{für beliebige } s, t \in I \text{ mit } s \leqslant t \text{ und für alle } i.$$

Außerdem gilt die nach *Chapman* und *Kolmogoroff* benannte Gleichung

$$p_{ij}(s, t) = \sum_k p_{ik}(s, \tau)\, p_{kj}(\tau, t) \quad \text{für beliebige } s, \tau, t \in I \text{ mit } s \leqslant \tau \leqslant t.$$

Zum Beweis der Chapman-Kolmogoroffschen Gleichung überlegen wir uns folgendes: Es sei A das Ereignis, daß unser Prozeß zur Zeit t im Zustand E_j ist, wenn er zur Zeit s im Zustand E_i war. Es sei weiterhin A_k das Ereignis, daß der Prozeß zur Zeit t im Zusatnd E_j ist, wenn er zur Zeit s im Zustand E_i und zur Zeit τ mit $s \leqslant \tau \leqslant t$ im Zustand E_k war. Die Wahrscheinlichkeit des Ereignisses A_k ist $p_{ik}(s, \tau)\, p_{kj}(\tau, t)$, da die beiden Übergangswahrscheinlichkeiten laut Definition voneinander unabhängig sind. Das Ereignis A ist gleich der Summe der Ereignisse A_k, da diese Ereignisse sich gegenseitig ausschließen. Für jedes Zahlenpaar (i, j) gilt also

$$p_{ij}(s, t) = \sum_k p_{ik}(s, \tau)\, p_{kj}(\tau, t),$$

wobei die Summation über alle möglichen Zustände E_k zu erstrecken ist. Ein wichtiger Spezialfall der soeben betrachteten Markoffschen Prozesse ist der *homogene Markoffsche Prozeß*.

Definition:

Ein diskreter Markoffscher Prozeß $(X_t, t \in I)$ heißt homogen, wenn für beliebige i, j sowie für beliebige t_1, $t_2 \in I$ $(t_1 < t_2)$ die Übergangswahrscheinlichkeiten nur von der Differenz $t = t_2 - t_1$ abhängen. In diesem Falle schreiben wir $p_{ij}(t_1, t_2) = p_{ij}(t)$, und es gilt dann
$$0 \leqslant p_{ij}(t) \leqslant 1 \quad \text{für alle } t \geqslant 0 \text{ und für beliebige } i \text{ und } j \text{ und}$$

$$\sum_j p_{ij}(t) \leqslant 1 \quad \text{für alle } t \geqslant 0 \text{ und für alle } i.$$

Die Chapman-Kolmogoroffsche Gleichung nimmt die Form an

$$p_{ij}(s+t) = \sum_k p_{ik}(s)\, p_{kj}(t).$$

Wir haben bis jetzt immer die bedingten Übergangswahrscheinlichkeiten $p_{ij}(s, t) = P(X_t = j / X_s = i)$ betrachtet. Wir werden uns später vor allem für die *absoluten Wahrscheinlichkeiten* $p_n(t) = P(X_t = n)$ interessieren. Dabei sei uns der Anfangszustand E_N des Prozesses zur Zeit $t = 0$ gegeben, und $p_n(t)$ bedeutet eigentlich $P(X_t = n / X_0 = N)$. Da aber $P(X_0 = N) = 1$ ist, gilt $P(X_t = n / X_0 = N) = P(X_t = n) = p_n(t)$. Ferner können wir uns für die *Grenzwerte* der $p_n(t)$ für t gegen Unendlich interessieren. Wir schreiben dafür

$$\lim_{t \to \infty} p_n(t) = p_n.$$

Es wird sich zeigen, daß unter gewissen Bedingungen die p_n unabhängig vom Anfangszustand sind.

4

4. Herleitung der Kolmogoroffschen Gleichungen

Es seien jetzt die beiden folgenden Funktionen gegeben:

1. $q_n(t)\,\mathrm{d}t + \mathrm{o}(\mathrm{d}t)$ bezeichne die Wahrscheinlichkeit, daß sich unsere zufällige Veränderliche X_t im Intervall $(t, t+\mathrm{d}t)$ ändert, wenn sie zur Zeit t den Wert n hatte. Wir wollen $q_n(t)$ *Intensitätsfunktion* nennen, da sie ein Maß für die Intensität der auftretenden Änderungen darstellt. $\mathrm{d}t$ sei dabei ein beliebig kleines aber endliches Zeitstück und $\mathrm{o}(\mathrm{d}t)$ bedeute, daß $\lim\limits_{\mathrm{d}t \to 0} \dfrac{\mathrm{o}(\mathrm{d}t)}{\mathrm{d}t} = 0$ gilt.

2. $Q_{ij}(t)$ sei die bedingte Wahrscheinlichkeit, daß unsere zufällige Veränderliche X_t zur Zeit $t+\mathrm{d}t$ den Wert j annimmt, wenn sie zur Zeit t den Wert i hatte und im Intervall $(t, t+\mathrm{d}t)$ eine Änderung erfolgte. Wir nennen $Q_{ij}(t)$ die *relative Übergangswahrscheinlichkeit* vom Zustand E_i in den Zustand E_j.

Aus der Definition dieser beiden Funktionen folgt, daß sie folgende Bedingungen erfüllen:

$$0 \leqslant q_n(t) \qquad \text{für alle } n \text{ und alle } t,$$

$$0 \leqslant Q_{ij}(t) \leqslant 1 \qquad \text{für alle } i, j \text{ und alle } t,$$

$$Q_{ii}(t) = 0 \qquad \text{für alle } i \text{ und alle } t$$

und

$$\sum_{j=0}^{\infty} Q_{ij}(t) = 1 \qquad \text{für alle } i \text{ und alle } t.$$

Nun führen wir diese Funktionen in die Chapman-Kolmogoroffsche Gleichung für das Intervall $(s, t+\mathrm{d}t)$ ein. Wir erhalten

$$p_{ij}(s, t+\mathrm{d}t) = \sum_{k=0}^{\infty} p_{ik}(s, t)p_{kj}(t, t+\mathrm{d}t)$$

$$= \sum_{k \neq j} p_{ik}(s, t)p_{kj}(t, t+\mathrm{d}t) + p_{ij}(s, t)p_{jj}(t, t+\mathrm{d}t).$$

Daraus ergibt sich

$$p_{ij}(s, t+\mathrm{d}t) - p_{ij}(s, t) = \sum_{k \neq j} p_{ik}(s, t)p_{kj}(t, t+\mathrm{d}t)$$

$$+ p_{ij}(s, t)\,(p_{jj}(t, t+\mathrm{d}t) - 1).$$

Nun ist aber $1 - p_{jj}(t, t+\mathrm{d}t)$ die Wahrscheinlichkeit, daß im Intervall $(t, t+\mathrm{d}t)$ ein Übergang aus dem Zustand E_j heraus stattfindet, also gleich $q_j(t)\mathrm{d}t + \mathrm{o}(\mathrm{d}t)$. Außerdem ist unter der Voraussetzung, daß ein Übergang stattfindet, die Wahrscheinlichkeit $p_{kj}(t, t+\mathrm{d}t)$ gerade gleich $Q_{kj}(t)$.

Somit erhalten wir

$$p_{ij}(s, t+\mathrm{d}t)-p_{ij}(s, t) = \sum_{k=0}^{\infty} p_{ik}(s, t)\big(q_k(t)\,\mathrm{d}t+\mathrm{o}(\mathrm{d}t)\big)\, Q_{kj}(t)$$

$$-p_{ij}(s, t)\big(q_j(t)\,\mathrm{d}t+\mathrm{o}(\mathrm{d}t)\big).$$

Nach Division durch $\mathrm{d}t$ erhalten wir

$$\frac{p_{ij}(s, t+\mathrm{d}t)-p_{ij}(s, t)}{\mathrm{d}t} = -p_{ij}(s, t)q_j(t)$$

$$+ \sum_{k=0}^{\infty} p_{ik}(s, t)\, q_k(t)\, Q_{kj}(t)+\frac{\mathrm{o}(\mathrm{d}t)}{\mathrm{d}t}.$$

Unter der Voraussetzung der gleichmässigen Konvergenz der Summe auf der rechten Seite bezüglich k können wir den Grenzübergang $\mathrm{d}t$ gegen Null durchführen, es existiert dann die partielle Ableitung nach t und es gilt

$$\frac{\partial}{\partial t}p_{ij}(s, t) = -p_{ij}(s, t)q_j(t)+ \sum_{k=0}^{\infty} p_{ik}(s, t)q_k(t)Q_{kj}(t). \qquad (1)$$

Auf dieselbe Weise können wir aus der Gleichung

$$p_{ij}(s, t) = \sum_{k=0}^{\infty} p_{ik}(s, s+\mathrm{d}s)p_{kj}(s+\mathrm{d}s, t)$$

die Beziehung

$$\frac{p_{ij}(s+\mathrm{d}s, t)-p_{ij}(s, t)}{\mathrm{d}s} = p_{ij}(s, t)q_i(s)$$

$$- \sum_{k=0}^{\infty} q_i(s)Q_{ik}(s)p_{kj}(s, t)+\frac{\mathrm{o}(\mathrm{d}s)}{\mathrm{d}s}$$

herleiten. Hier existiert die partielle Ableitung nach s und es gilt

$$\frac{\partial}{\partial s}p_{ij}(s, t) = p_{ij}(s, t)q_i(s)- \sum_{k=0}^{\infty} q_i(s)Q_{ik}(s)p_{kj}(s, t). \qquad (2)$$

Diese beiden Gleichungssysteme bestimmen unsere gesuchten Übergangswahrscheinlichkeiten $p_{ij}(s, t)$. Sie wurden zum ersten Mal 1931 von *Kolmogoroff* [6] hergeleitet und werden nach ihm die *Kolmogoroffschen Gleichungen* genannt. Die Gleichung **(1)** wird *prospektive* oder *Vorwärts-Gleichung* genannt, da sich die Differentiation auf die „vor-

6

wärts" liegende Zeit t bezieht, während man die Gleichung **(2)** die *retrospektive* oder *Rückwärts-Gleichung* nennt, weil sich die Differentiation auf die zurückliegende Zeit s bezieht.

Wir können die beiden Gleichungssysteme recht übersichtlich schreiben, wenn wir Matrizen einführen. Zunächst sei $P(s, t)$ die Matrix mit den Elementen $p_{ij}(s, t)$. Dann sei $Q(t)$ die Matrix mit den Elementen $Q_{ij}(t)$, und weiterhin sei $q(t)$ die Diagonalmatrix mit den Elementen $q_i(t)$ in der Hauptdiagonalen und verschwindenden Elementen ausserhalb der Hauptdiagonalen. Mit diesen Matrizen erhalten wir aus der Gleichung **(1)** die Matrizengleichung

$$\frac{\partial}{\partial t} P(s, t) = -P(s, t)q(t) + P(s, t)\, q(t)\, Q(t) = P(s, t)\, A(t)$$

und aus der Gleichung **(2)**

$$\frac{\partial}{\partial s} P(s, t) = q(s)P(s, t) - q(s)Q(s)P(s, t) = -A(s)P(s, t).$$

Dabei haben wir die Matrix $A(t)$ als

$$A(t) = -q(t) + q(t)Q(t) = q(t)(Q(t)-1) \quad \text{eingeführt.}$$

Durch Transponieren der Gleichung **(2)** lässt sich zeigen, daß beide Gleichungssysteme von derselben Struktur sind, denn es gilt

$$\frac{\partial}{\partial s} P^\top(s, t) = -P^\top(s, t)\, A^\top(s).$$

Wir wollen nun noch die Bedingungen, welche die Übergangswahrscheinlichkeiten $p_{ij}(s, t)$ erfüllen müssen, zusammenstellen. Zunächst muß gelten:

$$0 \leqslant p_{ij}(s, t) \leqslant 1 \qquad \text{für alle } i, j, s \text{ und } t \text{ mit } s \leqslant t \qquad \text{(I)}$$

und

$$\sum_j p_{ij}(s, t) \leqslant 1 \qquad \text{für alle } i, s \text{ und } t \text{ mit } s \leqslant t. \qquad \text{(II)}$$

Weiterhin müssen die $p_{ij}(s, t)$ die Chapman-Kolmogoroffsche Gleichung erfüllen. Es muß also gelten:

$$p_{ij}(s, t) = \sum_k p_{ik}(s, \tau)p_{kj}(\tau, t) \quad \text{für alle } i, j, s, \tau \text{ und } t \text{ mit } s \leqslant \tau \leqslant t. \text{ (III)}$$

In Matrizenschreibweise nimmt die Bedingung (III) die einfache Form

$$P(s, t) = P)s, \tau)\, P(\tau, t) \text{ an.}$$

Außerdem muß für $t \to s$ bzw. $s \to t$ gelten:

$$\lim p_{ij}(s, t) = \lim P(X_t = j/X_s = i) = \delta_{ij} = \begin{cases} 1 & \text{für } i = j \\ 0 & \text{für } i \neq j. \end{cases} \qquad \text{(IV)}$$

Das Kleinerzeichen in der Bedingung (II) kann nicht grundsätzlich vernachlässigt werden, es tritt jedoch nur in ganz besonderen Fällen auf. Falls $q(t)$ und $Q(t)$ beide zeitunabhängig sind, erhalten wir für $P(s, t)$ und $P(0, t-s)$ die gleichen Gleichungssysteme und daher dieselben Werte. Wir haben dann laut Definition einen *homogenen Markoffschen Prozeß*. Die Gleichungssysteme (1) und (2) nehmen dann in Matrizenschreibweise die Form

$$\frac{d}{dt} P(t) = P(t)\, A$$

und

$$\frac{d}{dt} P(t) = A P(t) \text{ an.}$$

5. Fragestellungen und Lösungsmethoden

Gesucht sind nun die Funktionen $p_{ij}(s, t)$, die die Gleichungssysteme (1) und (2) mit den Bedingungen (I) — (IV) erfüllen. Wir werden zunächst einen Satz für die Existenz und Eindeutigkeit dieser Lösungsfunktionen angeben. Bei den Geburts- und Todesprozessen, die wir im Teil II besonders ausführlich behandeln wollen, werden wir uns hauptsächlich für die absoluten Wahrscheinlichkeiten $p_n(t) = P(X_t = n)$ interessieren, wobei die Anfangsbedingungen gegeben sind. Wir haben dann für jedes t die Wahrscheinlichkeit, daß sich unser System im Zustand E_n befindet. In den Anwendungen interessieren wir uns auch für die Grenzwerte der $p_n(t)$, wobei sich in wichtigen elementaren Fällen zeigen wird, daß diese Grenzwerte unabhängig von den Anfangsbedingungen sind. Weiterhin lassen sich bei den Geburts- und Todesprozessen die Lebensdauer der Bevölkerung und die Lebensdauer der einzelnen Glieder bestimmen.

1931 leitete *Kolmogoroff* [6] die grundlegenden Gleichungen unserer Prozesse her und gab für homogene Prozesse mit endlich vielen Zuständen einen Existenzbeweis.

Es hatten sich jedoch schon früher verschiedene Verfasser mit ähnlichen Problemen beschäftigt. Bereits im Jahr 1874 hatten *Galton* und *Watson* [7] die Frage nach der zeitlichen Entwicklung von Bevölkerungseinheiten gestellt. Allerdings konnten sie damals keine Lösungen angeben. 1914 betrachtete *McKendrick* [8] in einer wenig beachteten

Arbeit Geburtenprozesse und gab Lösungen für einfache Fälle an. Ein Jahrzehnt später betrachtete *Erlang* [9] das gleiche Problem. Er hatte bereits für Vorgänge im Telefonverkehr stochastische Prozesse eingeführt, und es war ihm gelungen, dort unter verschiedenen Annahmen die Grenzverteilungen für t gegen Unendlich zu berechnen. *Feller* [10] gab 1937 unter einschränkenden Voraussetzungen einen Existenz- und Eindeutigkeitsbeweis für allgemeine, also auch stetige und gemischte Markoff-Prozesse. Außerdem behandelte er 1939 zum erstenmal ausführlich Geburts- und Todesprozesse [11] und gab für einige wichtige Fälle Erwartungswert und Streuung sowie für reine Geburtenprozesse die allgemeine Lösung an. 1940 gab *Feller* [12] einen neuen Existenz- und Eindeutigkeitsbeweis, der die einschränkenden Voraussetzungen der Arbeit aus dem Jahr 1937 wesentlich erweiterte. 1943 führte *Palm* [13] erzeugende Funktionen für die Behandlung wahrscheinlichkeitstheoretischer Probleme im Telefonverkehr ein. Dieses Hilfsmittel erwies sich für die Behandlung einfacher Beispiele als äußerst nützlich. Im selben Jahr gab *Arley* [14] den von uns benützten Existenz- und Eindeutigkeitssatz und wandte Markoff-Prozesse zur Beschreibung der kosmischen Strahlung an. Eine neue Methode zur Auflösung der beiden Gleichungssysteme führten 1953 *Ledermann* und *Reuter* [15] ein. Sie betrachteten zunächst ein endliches System von Differentialgleichungen, konstruierten dazu Lösungen und gaben Bedingungen dafür an, daß beim Grenzübergang zum unendlichen Differentialgleichungssystem die Lösung des endlichen Systems gegen die Lösung des unendlichen Systems konvergiert. Insbesondere gaben sie Lösungen für eine allgemeine Klasse von Geburts- und Todesprozessen an [16]. Auf demselben Gebiet kamen 1957 *Karlin* und *McGregor* [17] zu sehr allgemeinen Ergebnissen. Sie wandten maßtheoretische Überlegungen auf Geburts- und Todesprozesse an und stellten dabei eine enge Verwandtschaft des Problems der Auflösung der beiden Gleichungssysteme mit dem Stieltjesschen Momentenproblem fest. Ebenfalls 1957 gab *Feller* [18] einen kurzen, aber tiefgehenden Existenzbeweis für allgemeine Markoff-Prozesse.

6. Existenz und Eindeutigkeit von Lösungen

Für den Nachweis der *Existenz und Eindeutigkeit* von Lösungen unserer Gleichungssysteme

$$\frac{\partial}{\partial t} P(s, t) = P(s, t) A(t) \tag{1}$$

und

$$\frac{\partial}{\partial s} P(s, t) = -A(s) P(s, t) \tag{2}$$

wollen wir einen Satz benützen, der 1943 von *Arley* [14] angegeben und bewiesen wurde. Dieser Satz liefert uns hinreichende Bedingungen für die Matrix $A(t)$, die von allen bei uns auftretenden Prozessen erfüllt werden.

Zunächst fordern wir für unsere Matrix $A(t)$ die Stetigkeit im Intervall (s, t). Dies bedeutet, daß jedes Element von $A(t)$ eine stetige Funktion von t ist. Weiterhin betrachten wir die Matrix

$$K = \max_{s \leqslant \tau \leqslant t} |A(\tau)|,$$

d.h. die Matrix, die man erhält, wenn man jedes Element von $A(t)$ durch das Maximum seines Betrages in (s, t) ersetzt. Von dieser Matrix K verlangen wir, daß alle Potenzen K^ν existieren und daß außerdem die Matrix

$$\sum_{\nu=0}^{\infty} K^\nu \frac{(t-s)^\nu}{\nu!}$$

existiert. Wenn eine Matrix $A(t)$ diese Voraussetzungen erfüllt, wollen wir sie *absolut exponierbar* nennen und abkürzend die Schreibweise

$$\sum_{\nu=0}^{\infty} K^\nu \frac{(t-s)^\nu}{\nu!} = \exp[K(t-s)]$$

einführen.
Dann gilt

Satz 1:

Die Gleichungssysteme **(1)** und **(2)** haben im Intrevall (s, t) dann dieselbe eindeutige Lösung $P(s, t)$, welche außerdem die Bedingungen (I)—(IV) erfüllt, wenn die Matrix $A(t)$ im Intervall (s, t) stetig und absolut exponierbar ist, d.h. wenn

$$\exp[K(t-s)] = \sum_{\nu=0}^{\infty} K^\nu \frac{(t-s)^\nu}{\nu!}$$

existiert, wobei

$$K = \max_{s \leqslant \tau \leqslant t} |A(\tau)|$$

ist.
Wir wollen zunächst den Beweis, der in insgesamt sechs Schritten geführt wird, kurz skizzieren. Es wird dabei jeweils die Stetigkeit und die absolute Exponierbarkeit von $A(t)$ vorausgesetzt.

1. Schritt:

Es wird gezeigt, daß, falls Gleichung **(1)** überhaupt eine Lösung besitzt, diese eindeutig ist.

10

2. Schritt:

Unter den obigen Voraussetzungen existiert die Gleichung **(1)** und hat eine Lösung.

3. Schritt:

Die Fundamentallösung von **(1)**, die man für die Anfangsbedingung $P(s, s) = 1$ erhält, ist auch Lösung von **(2)**. Sie erfüllt die Bedingung (IV).

4. Schritt:

Es wird gezeigt, daß die Bedingung (III) erfüllt ist.

5. Schritt:

Falls die Lösung in einem Intervall (s, t) existiert, ist sie fortsetzbar auf den ganzen Definitionsbereich von $A(t)$. Außerdem ist die Bedingung (I) erfüllt und (II) gilt in der Form $\sum_{j} p_{ij}(s, t) \leqslant 1$.

6. Schritt:

Für die Gültigkeit des Gleichheitszeichens in der Bedingung (II) gibt der nachher folgende Satz 2 eine hinreichende Bedingung.

Wir wollen nun die Beweisschritte im einzelnen ausführen.

1. Schritt:

Wir nehmen an, daß unsere Gleichung eine Lösung besitzt, und zeigen, daß sie dann *nur* eine besitzt.

$$\frac{d}{dx}\, Y(x) = Y(x)\, A(x) \tag{1}$$

sei unser Gleichungssystem mit der Anfangsbedingung

$$Y(x_0) = C. \tag{2}$$

Aus (1) folgt, daß Y stetig ist, und unter der weiteren Annahme, daß das Produkt $Y A$ gleichmässig konvergent in x ist, folgt, daß auch Y' stetig ist.

Wir nehmen nun an, daß Gleichung (1) zwei verschiedene Lösungen $Y_1(x)$ und $Y_2(x)$ mit derselben Anfangsbedingung (2) besitze. Dann gilt, daß

$$Y(x) = Y_1(x) - Y_2(x)$$

wieder eine Lösung ist, da

$$\frac{d}{dx}\, Y = \frac{d}{dx}\, Y_1 - \frac{d}{dx}\, Y_2 = Y_1 A - Y_2 A = Y A \text{ ist.}$$

Nach (2) wäre weiterhin

$$Y(x_0) = Y_1(x_0) - Y_2(x_0) = C - C = O. \tag{3}$$

Wir müssen also zeigen, daß eine Lösung $Y(x)$ von (1), die im Punkt x_0 verschwindet, im ganzen Definitionsbereich von $A(x)$ gleich Null bleibt.

Es sei
$$K = \max_{x_0 \leqslant t \leqslant x} |A(t)|$$

und
$$G = \max_{x_0 \leqslant t \leqslant x} |Y(t)|.$$

Dann folgt aus (1), daß

$$|Y'| \leqslant |Y| K \leqslant G K \tag{4}$$

für alle t in $x_0 \leqslant t \leqslant x$ gilt. Da Y' stetig ist, können wir (4) integrieren, und mit (3) erhalten wir

$$|Y| \leqslant G K(x - x_0) \tag{5}$$

für alle t in $x_0 \leqslant t \leqslant x$.
Wenn wir (5) in (4) einsetzen, ergibt sich

$$|Y'| \leqslant G K^2(x - x_0),$$

integriert erhalten wir

$$|Y| \leqslant G K^2 \frac{(x - x_0)^2}{2!}$$

und so weiter bis

$$|Y| \leqslant G K^\nu \frac{(x - x_0)^\nu}{\nu!} \tag{6}$$

für alle $\nu = 1, 2, 3, \ldots$ und alle t in $x_0 \leqslant t \leqslant x$.
Nun strebt die rechte Seite gegen Null für ν gegen Unendlich, da ja A im Intervall (x_0, x) absolut exponierbar angenommen wurde. (6) kann also für alle Werte von ν nur gelten, falls

$$Y = 0 \text{ in } x_0 \leqslant t \leqslant x \text{ gilt; was zu beweisen war.}$$

2. Schritt:

Wir beweisen nun die Existenz der Gleichung

$$\frac{\mathrm{d}}{\mathrm{d}x} Y = Y A \tag{1}$$

mit der Anfangsbedingung

$$Y(x_0) = C, \tag{2}$$

wobei C eine beliebige konstante Matrix ist. Wir nehmen an, daß

$$|C|\, \exp\left[K(x-x_0)\right] \tag{3}$$

existiert. (3) ist eine Potenzreihe in $(x-x_0)$; dabei ist

$$|C|\, \exp\left[K(x-x_0)\right] K^{\nu}$$

die ν-te Ableitung von $|C|\, \exp\left[K(x-x_0)\right]$ und existiert für alle Werte von ν.

Wir betrachten zunächst die unter der Annahme der Stetigkeit aller vorkommenden Matrizen integrierte Gleichung (1) und wenden wieder die Iterationsmethode an. Wenn wir (1) von x_0 bis x integrieren, erhalten wir nämlich mit der Anfangsbedingung (2)

$$Y(x) = C + \int\limits_{x_0}^{x} Y(t)\, A(t)\, \mathrm{d}t. \tag{4}$$

Wir werden nun zeigen, daß diese Gleichung unter den gemachten Voraussetzungen eine Lösung $Y(x)$ besitzt, die eine stetige Funktion mit einer stetigen Ableitung darstellt und damit die Gleichung (1) befriedigt.

Wir setzen nun

$$Y(x) = \sum_{\nu=0}^{\infty} Y_{\nu}(x), \tag{5}$$

wobei
$$Y_0(x) = C$$

und
$$Y_{\nu}(x) = \int\limits_{x_0}^{x} Y_{\nu-1}(t)\, A(t)\, \mathrm{d}t \tag{6}$$

für $\nu = 1, 2, 3, \ldots$ ist.

Zunächst existieren alle Produkte in (6) und sind stetig, da alle definierenden Reihen nach (3) gleichmässig konvergent sind. Daher existieren alle Y_{ν} und sind stetig und stetig differenzierbar. Wenn wir

$$K = \max_{x_0 \leqslant t \leqslant x} |A(t)|$$

berücksichtigen, erhalten wir

$$|Y_1| \leqslant \int\limits_{x_0} |C|\, K\, \mathrm{d}t = |C|\, K(x-x_0),$$

$$|Y_2| \leqslant \int\limits_{x_0}^{x} |C|\, K\, K(t-x_0)\, \mathrm{d}t = |C|\, K^2 \frac{(x-x_0)^2}{2!}$$

und so weiter. Wir erhalten also

$$|Y_\nu(t)| \leqslant |C|\, K^\nu \frac{(x-x_0)^\nu}{\nu!} \tag{7}$$

für alle $\nu = 0, 1, 2, \dots$ und alle t in $x_0 \leqslant t \leqslant x$. Wenn wir (7) in (5) einsetzen, erhalten wir, da alle Summationen absolut konvergent sind und ihre Reihenfolge daher gleichgültig ist,

$$|Y(t)| \leqslant \sum_{\nu=0}^{\infty} |Y_\nu| \leqslant \sum_{\nu=0}^{\infty} |C|\, K^\nu \frac{(x-x_0)^\nu}{\nu!} = |C|\, \exp\left[K(x-x_0)\right] \tag{8}$$

für alle t in $x_0 \leqslant t \leqslant x$. (8) zeigt, daß die Reihe (5) absolut konvergiert, wobei die Konvergenz gleichmässig im Intervall $x_0 \leqslant t \leqslant x$ ist. Demzufolge existiert Y und ist stetig.
Wenn wir (6) in (5) einsetzen, finden wir

$$Y(x) = C + \sum_{\nu=1}^{\infty} \int_{x_0}^{x} Y_{\nu-1}(t)A(t)\,\mathrm{d}t = C + \int_{x_0}^{x} \left(\sum_{\nu=0}^{\infty} Y_\nu(t)A(t) \right) \mathrm{d}t$$

$$= C + \int_{x_0}^{x} \left(\sum_{\nu=0}^{\infty} Y_\nu(t) \right) A(t)\,\mathrm{d}t = C + \int_{x_0}^{x} Y(t)A(t)\,\mathrm{d}t. \tag{9}$$

Dies ist gerechtfertigt, weil erstens die Konvergenz in ν gleichmässig bezüglich t ist nach $K = \max |A(t)|$, (3) und (8) und zweitens, weil alle Summationen absolut konvergieren. Aus (3) und (8) folgt außerdem, daß YA stetig ist und (9) zeigt, daß $Y(x)$ das Integral einer stetigen Funktion, also differenzierbar mit einer stetigen Ableitung ist, für die

$$\frac{\mathrm{d}}{\mathrm{d}x} Y(x) = Y(x)A(x) \text{ gilt; was zu beweisen war.}$$

3. Schritt:

Unter einer *Fundamentallösung* unserer Gleichung $Y' = YA$ verstehen wir eine Lösung mit der Eigenschaft, daß jede beliebige Lösung (vgl. unten) das Produkt dieser Lösung mit einer konstanten Matrix ist. Wir wollen nun zeigen, daß wir für $C = 1$ in (2.6)*) eine Fundamentallösung erhalten, die wir mit

$$F(x_0, x) = \sum_{\nu=0}^{\infty} F_\nu(x_0, x) \tag{1}$$

---

*) Die erste Zahl in der Klammer bezieht sich auf den jeweiligen Beweisschritt.

14

bezeichnen wollen, wobei

$$F_0(x_0, x) = 1$$

und

$$F_\nu(x_0, x) = \int_{x_0}^{x} F_{\nu-1}(x_0, t) A(t)\, dt \tag{2}$$

für $\nu = 1, 2, 3, \ldots$ ist.

Wir halten zuerst einige Eigenschaften von $F(x_0, x)$ fest. Wie im 2. Schritt gezeigt wurde, ist diese Funktion stetig, hat eine stetige Ableitung bezüglich x und erfüllt

$$\frac{\partial}{\partial x} F(x_0, x) = F(x_0, x)\, A(x)$$

oder

$$F(x_0, x) = 1 + \int_{x_0}^{x} F(x_0, t) A(t)\, dt. \tag{3}$$

Weiterhin haben wir gesehen, daß die Reihe (1) absolut und gleichmässig bezüglich x konvergiert, da ja (1) durch die Reihe (2.8) majorisiert wird, d.h. es gilt

$$|F(x_0, t)| \leqslant \sum_{\nu=0}^{\infty} |F_\nu(x_0, t)| \leqslant \sum_{\nu=0}^{\infty} K^\nu \frac{(x-x_0)^\nu}{\nu!} = \exp[K(x-x_0)] \tag{4}$$

für alle t in $x_0 \leqslant t \leqslant x$.

Aus (3) sehen wir, daß

$$\lim_{x_0 \to x} F(x_0, x) = \lim_{x \to x_0} F(x_0, x) = 1 \tag{5}$$

gilt, daß also F unsere Bedingung (IV) erfüllt. Außerdem sehen wir, daß (2) in der Form

$$\begin{aligned}
F_\nu(x_0, x) &= \int_{x_0}^{x} F_{\nu-1}(x_0, t)\, A(t)\, dt \\
&= \int \cdots \cdots \int_{x > t_\nu \geqslant \cdots \geqslant t_1 \geqslant x_0} A(t_1) \ldots A(t_\nu)\, dt_1 \ldots dt_\nu \\
&= \int_{x_0}^{x} A(t) F_{\nu-1}(t, x)\, dt
\end{aligned} \tag{6}$$

für alle $\nu = 1, 2, 3, \ldots$ geschrieben werden kann.

Wenn wir die rechte Seite von (6) in (1) einführen, gilt aus den gleichen Gründen wie in (2.9)

$$F(x_0, x) = 1 + \sum_{\nu=1}^{\infty} \int_{x_0}^{x} A(t) F_{\nu-1}(t, x)\, dt$$

$$= 1 + \int_{x_0}^{x} A(t) \left(\sum_{\nu=0}^{\infty} F_\nu(t, x) \right) dt = 1 + \int_{x_0}^{x} A(t) F(t, x)\, dt.$$

Dies zeigt, daß $F(x_0, x)$ auch eine stetige und bezüglich x_0 stetig differenzierbare Funktion mit der Ableitung

$$\frac{\partial}{\partial x_0} F(x_0, x) = -A(x_0) F(x_0, x) \quad \text{ist.} \tag{7}$$

Dies ist genau die Gleichung (2). Schließlich folgt aus (1) und (2), da $A(t)$ stetig ist, daß

$$F(x, x+dx) = 1 + \int_{x}^{x+dx} A(t)\, dt + \sum_{\nu=2}^{\infty} F_\nu(x, x+dx)$$

$$= 1 + A(x)\, dx + \mathbf{o}(dx) \quad \text{gilt.}$$

Es ist nun klar, daß für eine beliebige von x unabhängige Matrix C, für die $|C| \exp[K(x-x_0)]$ existiert, auch das Produkt

$$Y(x_0, x) = C \sum_{\nu=0}^{\infty} F_\nu(x_0, x) = C F(x_0, x) \tag{8}$$

existiert und wieder eine Lösung unserer Gleichung (3) ist. Da alle Summationen in (8) absolut konvergent sind, können wir, bevor wir über ν summieren, mit C multiplizieren, und (8) ist so identisch mit der Lösung (2.5). Wir stellen allerdings fest, daß Y nicht die Gleichung (7) erfüllt, wie das F tut, da nämlich C von x_0 abhängen kann. Aus (8) und (5) erhalten wir nämlich

$$Y(x_0, x_0) = C\, F(x_0, x_0) = C. \tag{9}$$

Andererseits gilt, falls $Y(x_0, x)$ eine beliebige Lösung von (3) mit der Eigenschaft ist, daß das Produkt

$$G \exp[K(x-x_0)] \tag{10}$$

mit G aus (1.6) existiert, daß Y durch (8) gegeben sein muß, wobei sich C aus (9) ergibt. In der Tat existiert $Y(x_0, x_0)\, F(x_0, x)$ nach (10) und ist, wie wir gerade gesehen haben, eine andere Lösung von (3), die für $x = x_0$ mit Y zusammenfällt. Wie im ersten Schritt gezeigt, müssen beide demzufolge für alle Werte von x zusammenfallen. Unsere Lösung (1) ist also eine Fundamentallösung.

16

4. Schritt:

Wir führen nun den Begriff des *Produkt-Integrals* ein, der sich für unsere Zwecke als besonders geeignet erweisen wird. Dazu betrachten wir das Intervall $x_0 \leqslant \tau \leqslant t \, (\leqslant x)$ und es sei

$$x_0 < x_1 < x_2 < \ldots < x_{m-1} < x_m = t \leqslant x$$

und

$$\Delta_i = x_{i+1} - x_i.$$

Diese Einteilung nennen wir symbolisch $'m'$. Wenn die Einteilung sehr fein ist, d.h. wenn $\max\{\Delta_i\}$ für $i = 0, 1, 2, \ldots, m-1$ sehr klein ist, wollen wir sagen, daß $'m'$ sehr groß sei und es gilt dann

$$F(x_0, x_{i+1}) = F(x_0, x_i) + \Delta_i F'(x_0, x_i) + o(\Delta_i).$$

Wenn wir $o(\Delta_i)$ vernachlässigen und $Y' = YA$ benützen, erhalten wir näherungsweise

$$F(x_0, x_{i+1}) = F(x_0, x_i) + \Delta_i F(x_0, x_i) \, A(x_i) = F(x_0, x) \, (1 + A(x_i) \, \Delta_i).$$

Wenn wir dies m Mal wiederholen, erhalten wir näherungsweise, indem wir noch $F(x_0, x_0) = 1$ benützen

$$F(x_0, t) = (1 + A(x_0)\Delta_0) \, (1 + A(x_1)\Delta_1) \ldots (1 + A(x_{m-1})\Delta_{m-1})$$

$$= \prod_{i=0}^{m-1} (1 + A(x_i)\Delta_i). \tag{1}$$

Dieses Produkt existiert für alle Werte von m, weil nach unserer Annahme A in (x_0, x) absolut exponierbar ist. Wir erwarten also, falls wir die Einteilung immer feiner machen, d.h. $\max\{\Delta_i\}$ gegen Null oder symbolisch ausgedrückt $'m'$ gegen Unendlich geht, daß dann unser Ausdruck (1) gegen einen Grenzwert strebt, der gleich unserer Fundamentallösung ist. Diesen Grenzwert wollen wir das Produkt-Integral nennen und mit

$$\lim_{'m' \to \infty} \prod_{i=0}^{m-1} (1 + A(x_i)\Delta_i) = \mathscr{P}_{x_0}^{t} (1 + A(\tau) d\tau) = F(x_0, t) \tag{2}$$

bezeichnen.

Wir wollen nun die Konvergenz in (2) nachweisen. Dazu schreiben wir

$$\prod_{i=0}^{m-1} (1 + A(x_i)\Delta_i) = (1 + A(x_0)\Delta_0) \ldots (1 + A(x_{m-1})\Delta_{m-1}) = \sum_{\nu=0}^{m} F_\nu^{(m}(x_0, t),$$

wobei

$$F_0^{(m)}(x_0, t) = 1$$

und

$$F_\nu^{(m)}(x_0, t) = \sum_{m-1 \geqslant i_\nu > \cdots > i_1 \geqslant 0} \ldots \ldots A(x_{i_1}) \ldots A(x_{i_\nu})\Delta_{i_1} \ldots \Delta_{i_\nu} \tag{3}$$

für $v = 1, 2, 3, \ldots$ ist. Dies ist richtig, da erstens die Matrix **1** mit allen Matrizen vertauschbar ist und zweitens weil infolge der absoluten Exponierbarkeit von A das assoziative Gesetz für alle Multiplikationen in (1) gilt. Da A stetig ist, ist auch $F_v^{(m)}(x_0, t)$ für jeden Wert von $v \leqslant m$ eine stetige Funktion der v Veränderlichen $x_{i_1}, \ldots, x_{i_v}$.

Wenn wir nun den Grenzübergang $'m'$ gegen Unendlich ausführen, so folgt aus der Definition eines v-fachen Integrals einer stetigen Funktion, daß der Grenzwert existiert und gegeben ist durch

$$\lim_{'m' \to \infty} F_v^{(m)}(x_0, t) = \int_{t=t_v \geqslant \ldots \geqslant t_1 \geqslant x_0} \cdots \cdots \int A(t_1) \ldots A(t_v)\, dt_1 \ldots dt_v$$

$$= F_v(x_0, t) \tag{4}$$

für alle $v = 1, 2, 3, \ldots$.

Wenn wir mit (3.6) vergleichen, sehen wir, daß unser Grenzwert in (4) genau die Funktion $F_v(x_0, t)$ aus (3.2) ist. Aus (3) folgt, indem man noch $K = \max |A(t)|$ benützt, daß

$$|F_v^{(m)}(x_0, t)| \leqslant K^v \sum_{m-1 \geqslant i_v > \ldots > i_1 \geqslant 0} \cdots \cdots \sum \Delta_{i_1} \ldots \Delta_{i_v}$$

$$\leqslant K^v \frac{1}{v!} \sum_{a_0 + \ldots + a_{m-1} = v} \cdots \cdots \sum \frac{v!}{a_0! \ldots a_{m-1}!} \Delta_0^{a_0} \ldots \Delta_{m-1}^{a_{m-1}}$$

$$= K^v \frac{1}{v!} (\Delta_0 + \ldots + \Delta_{m-1})^v \leqslant K^v \frac{(x-x_0)^v}{v!} \tag{5}$$

für alle $'m'$, für alle t in $x_0 \leqslant t \leqslant x$ und für alle $v = m = 1, 2, 3, \ldots$ gilt.

Damit existiert der Grenzwert in (2) und ist gleich $F(x_0, t)$, weil mit (3.4) und (5)

$$\left(\left| \sum_{v=0}^{\infty} F_v(x_0, t) - \prod_{i=0}^{m-1} (1 + A(x_i)\Delta_i) \right| \right)_{pq}$$

$$\leqslant \left(\left| \sum_{v=0}^{n} F_v(x_0, t) - \sum_{v=0}^{n} F_v^{(m)}(x_0, t) \right| \right)_{pq} + \left(\sum_{v=n+1}^{\infty} |F_v(x_0, t)| \right)_{pq}$$

$$+ \left(\sum_{v=n+1}^{\infty} |F_v^{(m)}(x_0, t)| \right)_{pq}$$

$$\leqslant \left(\sum_{v=1}^{n} |F_v(x_0, t) - F_v^{(m)}(x_0, t)| \right)_{pq} + 2 \left(\sum_{v=n+1}^{\infty} K^v \frac{(x-x_0)^v}{v!} \right)_{pq} \tag{6}$$

für alle p, q, für alle $'m'$, für alle t in $x_0 \leqslant t \leqslant x$ und für alle $n < m = 1, 2, 3, \ldots$ gilt.

18

Für ein beliebiges $\varepsilon > 0$ können wir nun für jeden festen Wert von p und q zuerst n so groß wählen, daß die zweite Summe in (6) kleiner als $\varepsilon/3$ wird für alle $'m'$, für die $m > n$. Dann können wir $m\ (>n)$ so groß wählen, daß jeder der n Terme in der ersten Summe auf der rechten Seite von (6) kleiner als $\varepsilon/3n$ ist. Damit ist die Konvergenz des Produkt-Integrals bewiesen und der Grenzwert durch (2) gegeben. (6) zeigt, daß die Konvergenz gleichmässig in jedem Intervall $x_0 \leqslant t \leqslant x$ ist.

Aus der Definition des Produkt-Integrals folgt sofort, daß, falls $x_0 \leqslant$ $\leqslant x_1 \leqslant x$ ist, wobei (x_0, x) das Intervall der absoluten Exponierbarkeit von A ist, dann

$$\overset{x_1}{\underset{x_0}{\mathscr{P}}}\big(1+A(t)\,\mathrm{d}t\big) \cdot \overset{x}{\underset{x_1}{\mathscr{P}}}\big(1+A(t)\,\mathrm{d}t\big) = \overset{x}{\underset{x_0}{\mathscr{P}}}\big(1+A(t)\,\mathrm{d}t\big)$$

d.h. $$F(x_0, x) = F(x_0, x_1)\,F(x_1, x) \tag{7}$$

gilt. Damit erfüllt $F(x_0, x)$ auch unsere Bedingung (III).

Wir fassen die Ergebnisse der Schritte (1) bis (4) zusammen: Gleichungen vom Typ **(1)** haben immer genau eine Lösung im Intervall (x_0, x) für eine gegebene Anfangsbedingung, falls $A(x)$ stetig und in diesem Intervall absolut exponierbar ist. Die Lösung für die Anfangsbedingung $F(x_0, x_0) = \mathbf{1}$ hat immer die Eigenschaften (3.5), (3.7) und (4.7). Dies zeigt, daß die Gleichung **(1)** immer genau eine Lösung besitzt, die automatisch auch die eindeutige Lösung der Gleichung **(2)** ist und außerdem die Bedingungen (III) und (IV) erfüllt. Diese Feststellungen gelten unabhängig von wahrscheinlichkeitstheoretischen Forderungen.

5. Schritt:

Wir wollen nun zeigen, daß auch die Bedingungen (I) und (II) erfüllt sind. Aus

$$P(s, t) = \overset{t}{\underset{s}{\mathscr{P}}}\big(1+A(\tau)\,\mathrm{d}\tau\big) = \lim_{'m' \to \infty} \prod_{i=0}^{m-1} \big(1+A(\tau_i)\Delta_i\big)$$

folgt, daß (I) erfüllt ist. Im Produkt rechts sind nämlich alle Elemente ausserhalb der Hauptdiagonalen nichtnegativ, und die Elemente der Hauptdiagonalen sind von der Form

$$1+A_{nn}(\tau_i)\Delta_i = 1-q_n(\tau_i)\Delta_i.$$

Dies gilt für alle $n = 0, 1, 2, \ldots$ und für alle τ_i mit $s \leqslant \tau_i \leqslant t$, und dieser Ausdruck wird positiv von einem gewissen $'m'$ an. Die Grenzwerte sind daher nichtnegativ und damit ist (I) bewiesen. Bevor wir die Bedingung (II) beweisen, müssen wir zeigen, daß für alle $i, j = 0, 1, 2, \ldots$

$$p_{ij}(s, t) \begin{cases} \text{entweder} = 0 \text{ für alle } t \text{ in } s \leqslant t \leqslant t_0 \\ \text{oder} \quad\ > 0 \text{ für alle } t > s \text{ ist.} \end{cases} \tag{1}$$

Zunächst gilt für alle $i, j = 0, 1, 2, \ldots$ und alle $t \geqslant s$

$$p_{ij}(s, t) \geqslant 0.$$

Nun schreiben wir die Gleichung **(1)** für ein Element $p_{ij}(s, t)$ an und erhalten

$$\frac{\partial}{\partial t}\, p_{ij}(s, t) = -p_{ij}(s, t)q_j(t) + \sum_{k=0}^{\infty} p_{ik}(s, t)q_k(t)Q_{kj}(t)\,.$$

Wenn wir nach $p_{ij}(s, t)$ auflösen, erhalten wir

$$p_{ij}(s, t) = \exp\left[-\int_s^t q_j(t)\right] \cdot$$

$$\left(\int_s^t \exp\left[\int_s^\tau q_j(\tau')\,\mathrm{d}\tau'\right] \sum_{k=0}^{\infty} p_{ik}(s, \tau)q_k(\tau)Q_{kj}(\tau)\mathrm{d}\tau + \delta_{ij}\right).$$

Da $q_i(t) \geqslant 0$, $0 \leqslant Q_{ij}(t) \leqslant 1$ und $p_{ij}(s, t) \geqslant 0$ gilt, sind alle Ausdrücke auf der rechten Seite nichtnegativ. Da der Integrand eine stetige Funktion ist, muß er, falls er für einen gewissen Wert $t_0 > s$ gleich Null ist, im ganzen Intervall (s, t) verschwinden. Demnach ist (1) richtig. Den zum Wert 1 fehlenden Betrag in (II) interpretieren wir nun als die Wahrscheinlichkeit, daß der Prozeß in endlicher Zeit den Zustand E_∞ erreicht, also

$$p_{i\infty}(s, t) = P(X_t = \infty / X_s = i) = 1 - \sum_{j=0}^{\infty} p_{ij}(s, t) = \delta \geqslant 0.$$

(II) erhalten wir nun aus der Gleichung **(1)**. Wenn wir diese Gleichung von s bis t integrieren, dabei beachten, daß alle Reihen, die $\boldsymbol{P\,A}$ definieren, gleichmässig konvergent sind, und über alle j von 0 bis N summieren, wobei i fest bleibt, dann ergibt sich mit Hilfe der Bedingung (IV)

$$\sum_{j=0}^{\infty} p_{ij}(s, t) = \lim_{N \to \infty} \sum_{j=0}^{N} p_{ij}(s, t)$$

$$= \Delta(N \geqslant i) + \lim_{N \to \infty} \sum_{j=0}^{N} \sum_{k=0}^{\infty} \int_s^t p_{ik}(s, \tau)A_{kj}(\tau)\,\mathrm{d}\tau$$

$$= \Delta(N \geqslant i) + \lim_{N \to \infty} \sum_{k=0}^{\infty} \int_s^t p_{ik}(s, \tau)\left(\sum_{j=0}^{N} A_{kj}(\tau)\right)\mathrm{d}\tau, \quad (2)$$

wobei $\Delta(N \geqslant i) = \begin{cases} 1 & \text{für } N \geqslant i \\ 0 & \text{für } N < i \text{ ist} \end{cases}$

Dabei ist erstens die Umkehrung der Summationsreihenfolge berechtigt, da wir eine endliche Summe konvergenter Reihen haben. Zweitens nimmt die linke Seite von (2) nach (1) monoton mit N zu, und die rechte Seite strebt demnach gegen einen endlichen Grenzwert oder gegen Unendlich. Nun gilt für jeden festen Wert von k nach $A(t) = q(t)(Q(t)-1)$, nach $\sum Q_{ij}(t) = 1$ und nach (1)

$$\int\limits_s^t p_{ik}(s,\tau) \left(\sum_{j=0}^N q(\tau)(Q(\tau)-1) \right)_{kj} d\tau \leqslant 0 \quad \text{für alle } N \geqslant k.$$

Demnach ist die rechte Seite von (2) konvergent, und es gilt

$$\lim_{N\to\infty} \sum_{k=0}^\infty \int\limits_s^t p_{ik}(s,\tau) \left(\sum_{j=0}^N A_{kj}(\tau) \right) d\tau \leqslant 0.$$

Wenn man dies in (2) einsetzt, erhält man gerade die Bedingung (II).

Wir können nun zeigen, daß $P(s,t) = \mathscr{P}\limits_s^t (1+A(\tau)d\tau)$ im ganzen Definitionsbereich von A existiert und die gesuchte Lösung darstellt. Wenn A im ganzen Definitionsbereich absolut exponierbar ist, dann brauchen wir nichts weiter zu zeigen. Wenn dagegen ein Konvergenzradius existiert, dann sei t_1 ein Punkt innerhalb dieses Radius. Wir beginnen dann an diesem Punkt, verfahren wie im dritten Schritt gezeigt und berechnen so eine Fundamentallösung $P(t_1,t)$ in dem neuen Intervall $t_1 \leqslant t \leqslant t_2$. Aus (1), der Bedingung (II) und den Ausführungen im dritten Beweisschritt sieht man, daß das Produkt

$$P(s,t) = P(s,t_1)P(t_1,t)$$

existiert und eine Fundamentallösung im ganzen Intervall $s \leqslant t \leqslant t_2$ darstellt. Dieses Verfahren, das wir exponentielle Fortsetzung nennen wollen, kann beliebig oft wiederholt werden, man erhält damit eine Folge von Fortsetzungspunkten $t_0 = s < t_1 < t_2 < \ldots$, und wir sehen, daß $P(s,t)$ in der Tat die Lösung im ganzen Definitionsbereich von $A(t)$ darstellt.

6. Schritt:

Nun wollen wir einen Satz für die Gültigkeit des Gleichheitszeichens in der Bedingung (II) angeben. Wir suchen also Prozesse, die in endlicher Zeit nicht in den Zustand E_∞ gelangen können. Dazu müssen wir die Zahl der Aufwärtsschritte in gewissen Grenzen halten. Wir nennen einen Prozeß, der bei einer Änderung sich höchstens um l Schritte nach oben ändert, einen *elementaren Prozeß*. l sei dabei unabhängig vom Zustand. Für $Q_{ij}(t)$ bedeutet dies, daß

$$Q_{ij}(t) = 0 \quad \text{für alle } j > i + l$$
$$\text{und für alle } i \quad \text{gilt.}$$

Wir geben nun den

Satz 2:

Das Gleichheitszeichen in der Bedingung (II) gilt für einen elementaren Prozeß dann, wenn

$$\sum_{n=0}^{\infty} \frac{1}{\bar{q}_n}$$

divergiert, wobei

$$\bar{q}_n = \max_{s \leqslant \tau \leqslant t} \{q_k(\tau)\} \quad \text{für } k = n-l+1, n-l+2, \ldots, n \text{ ist.}$$

Wir beweisen nun diesen Satz. Dazu integrieren wir die Gleichung **(1)** von s bis t und berücksichtigen $P(s, s) = 1$. Dann ergibt sich

$$1 - P(s, t) = \int_s^t P(s, \tau)q(\tau)\,d\tau - \int_s^t P(s, \tau)q(\tau)Q(\tau)\,d\tau.$$

Wenn wir diese Gleichung für ein beliebiges Element mit festem i anschreiben und dann von $j = 0$ bis N summieren, ergibt sich

$$0 \leqslant 1 - \sum_{j=0}^{N} p_{ij}(s, t) = \sum_{k=0}^{N} \int_s^t \big(P(s, \tau)q(\tau)\big)_{ik}\,d\tau$$

$$- \sum_{j=0}^{N} \sum_{k=0}^{\infty} \int_s^t p_{ik}(s, \tau)q_k(\tau)Q_{kj}(\tau)\,d\tau$$

für alle $i = 0, 1, 2, \ldots$, für alle $N \geqslant j$ und für alle $t \geqslant s$. Unter Beachtung von $\sum\limits_{j} Q_{ij}(t) = 1$ erhalten wir

$$0 \leqslant 1 - \sum_{j=0}^{N} p_{ij}(s, t) = \left(\sum_{j=0}^{\infty} \sum_{k=0}^{N} - \sum_{j=0}^{N} \sum_{k=0}^{\infty} \right) \int_s^t p_{ik}(s, \tau)q_k(\tau)Q_{kj}(\tau)\,d\tau$$

$$= \left(\sum_{j=N+1}^{\infty} \sum_{k=0}^{N} - \sum_{j=0}^{N} \sum_{k=N+1}^{\infty} \right) \int_s^t p_{ik}(s, \tau)q_k(\tau)Q_{kj}(\tau)\,d\tau. \tag{1}$$

Mit $\sum\limits_{j} p_{ij}(s, t) \leqslant 1$ ergibt sich

$$p_{i\infty}(s, t) = \lim_{N \to \infty} \left(\sum_{j=N+1}^{\infty} \sum_{k=0}^{N} - \sum_{j=0}^{N} \sum_{k=N+1}^{\infty} \right) \int_s^t p_{ik}(s, \tau)q_k(\tau)Q_{kj}(\tau)\,d\tau \geqslant 0. \tag{2}$$

22

Auf der rechten Seite von (1) steht für feste Werte von i, s und t eine monoton nichtsteigende positive Folge nach (5.1). Eine solche Folge hat aber eine untere Grenze $\delta \geqslant 0$ für N gegen Unendlich. Wir erhalten also aus (1), (2) und der Tatsache, daß beide Terme auf der rechten Seite von (1) nichtnegativ sind,

$$0 \leqslant \delta = 1 - \sum_{j=0}^{\infty} p_{ij}(s, t) = p_{i\infty}(s, t)$$

$$\leqslant \sum_{j=N+1}^{\infty} \sum_{k=0}^{N} \int_{s}^{t} p_{ik}(s, \tau) q_k(\tau) Q_{kj}(\tau)\, \mathrm{d}\tau$$

für alle $i = 0, 1, 2, \ldots$, für alle $N \geqslant j$ und für alle $t \geqslant s$. Nun ist aber für einen elementaren Prozeß

$$Q_{ij}(t) = 0 \qquad \text{für alle } j > i + l$$
$$\text{und für alle } i.$$

Damit ergibt sich

$$0 \leqslant \delta = 1 - \sum_{j=0}^{\infty} p_{ij}(s, t) = p_{i\infty}(s, t)$$

$$\leqslant \sum_{k=N-l+1}^{N} \int_{s}^{t} p_{ik}(s, \tau) q_k(\tau)\, \mathrm{d}\tau = \bar{q}_N \sum_{k=N-l+1}^{N} \int_{s}^{t} p_{ik}(s, \tau)\, \mathrm{d}\tau$$

für alle $i = 0, 1, 2, \ldots$, für alle $N \geqslant i$ und für alle $t \geqslant s$. Wenn wir auf beiden Seiten durch $\bar{q}_N$ dividieren, über alle $N \geqslant i$ summieren und dabei beachten, daß $\sum_{j} p_{ij}(s, t) \leqslant 1$ ist, dann ergibt sich

$$\sum_{N=i}^{\infty} \frac{1}{\bar{q}_N} = \int_{s}^{t} \sum_{N=i}^{\infty} p_{iN}(s, \tau)\, \mathrm{d}\tau \leqslant t - s < \infty \tag{3}$$

für alle $i = 0, 1, 2, \ldots$ und alle $t \geqslant s$.

Wenn nach Voraussetzung des Satzes $\sum_{N} \frac{1}{\bar{q}_N}$ divergiert, so kann (3) nur gelten, falls $\delta = 1 - \sum_{j} p_{ij}(s, t) = 0$ ist und damit

$$\sum_{j=0}^{\infty} p_{ij}(s, t) = 1$$

gilt. Damit ist der Satz 2 bewiesen.

Kriterien für die absolute Exponierbarkeit von Matrizen

Wir wollen im folgenden zwei Kriterien angeben, die es uns gestatten, festzustellen, ob eine vorkommende Matrix absolut exponierbar ist. Dazu benötigen wir jedoch zuerst die

Definition:

Wir heißen eine Matrix $A(t)$ *beschränkt*, wenn alle Zeilensummen gleichmässig beschränkt sind, d.h. wenn $\sum_j |A_{ij}| \leqslant M < \infty$ für alle i gilt, wobei M eine Konstante ist.

Für solche Matrizen gilt der folgende

Satz 3:

Wenn für eine beliebige Matrix $A(t)$ $K = \max_{s \leqslant \tau \leqslant t} |A(\tau)|$ beschränkt ist,

dann ist $A(t)$ auch beschränkt und absolut exponierbar in jedem Intervall (t_0, t). Die Exponentialfunktion von $A(t)$ ist ebenfalls eine beschränkte Matrix mit der Schranke $\exp(M|t - t_0|)$ und außerdem stetig.

Zum Beweis dieses Satzes benötigen wir zunächst den folgenden

Hilfssatz 1:

Für eine beschränkte Matrix $A(t)$ existieren alle Potenzen $|A|^r$ und demnach auch A^r. Sie sind wieder beschränkte Matrizen mit der Schranke M^r, d.h. es gilt

$$\left| \sum_j A_{ij}^r \right| \leqslant \sum_j |A|_{ij}^r \leqslant M^r < \infty \tag{1}$$

für alle $i = 0, 1, 2, \ldots$.

Beweis des Hilfssatzes 1: Für $r = 0$ und $r = 1$ gilt (1). Wir nehmen nun an, daß (1) für einen gewissen Wert r gelte. Dann ist

$$\sum_{j=0}^{\infty} |A|_{ij}^{r+1} = \sum_{j=0}^{\infty} \sum_{a=0}^{\infty} |A|_{ia}^r |A|_{aj} = \sum_{a=0}^{\infty} \left(|A|_{ia}^r \sum_{j=0}^{\infty} |A|_{aj} \right) \leqslant M \, M^r = M^{r+1} \tag{2}$$

für alle $i = 0, 1, 2, \ldots$. Die Umkehrung der Summationsreihenfolge ist berechtigt, da es sich um nichtnegative Doppelreihen handelt. (2) zeigt, daß alle Zeilensummen von $|A|^{r+1}$ konvergieren und beschränkt sind mit der Schranke M^{r+1} und daß daher $|A|^{r+1}$ existiert und beschränkt ist mit der Schranke M^{r+1}; was zu beweisen war. Zum Beweis des Satzes 3 wenden wir den Hilfssatz 1 auf K an und erhalten

$$\left| \sum_j (\exp [A(t) \, (t - x_0)])_{ij} \right| \leqslant \sum_{j=0}^{\infty} \sum_{r=0}^{\infty} K_{ij}^r \frac{|x - x_0|^r}{r!}$$

$$= \sum_{r=0}^{\infty} \left(\sum_{j=0}^{\infty} K_{ij}^r \right) \frac{|x - x_0|^r}{r!} \leqslant \sum_{r=0}^{\infty} M^r \frac{|x - x_0|^r}{r!} = \exp [M |x - x_0|] < \infty .$$

24

Dies zeigt, daß die Zeilensummen von $\exp[A(t)(t-x_0)]$ absolut konvergieren und gleichmässig beschränkt sind. Daher existiert $\exp[A(t)(t-x_0)]$ und ist wieder eine beschränkte Matrix. Die Konvergenz ist gleichmässig in t und die Exponentialfunktion daher stetig. Damit ist der Satz 3 bewiesen.

Für den folgenden Satz benötigen wir einige neue Bezeichnungen. Es sei $A(i,j)$ eine beliebige Funktion von i und j, $f(t)$ eine von i und j unabhängige Funktion der Zeit t. Weiterhin sei das *verallgemeinerte Kroneckersymbol* erklärt durch

$$\Delta(0 \leqslant a \leqslant A) = \begin{matrix} 1 & \text{für } 0 \leqslant a \leqslant A \\ 0 & \text{für alle } a < 0 \text{ und } a > A. \end{matrix}$$

Nun gilt als weiteres Kriterium für die absolute Exponierbarkeit einer Matrix $A(t)$

Satz 4:

Eine beliebige Matrix $A(t)$, die die Bedingungen
(1) $A_{ij} = A(i,j)\,\Delta(0 \leqslant j \leqslant i+l)$ für alle i, j mit festem l und
(2) $\sum_j |A_{ij}| \leqslant f(t)\,i$ für alle $i = 1, 2, 3, \ldots$ erfüllt, ist in jedem Intervall

(t_0, t) absolut exponierbar, für das $|t-t_0| < \dfrac{1}{lC}$

mit $C = \max\limits_{t_0 \leqslant \tau \leqslant t} f(\tau)$ gilt. Weiterhin ist die Exponentialfunktion von $A(t)$ stetig und hat absolut konvergente Zeilensummen.

Zum Beweis dieses Satzes benötigen wir wieder einen

Hilfssatz 2:

Für die Matrix A gelte $A_{ij} = A(i,j)\,\Delta(0 \leqslant j \leqslant i+l)$.
Es sei M_s das Maximum der s ersten absoluten Zeilensummen von A, d.h.

$$M_s = \max\left(\sum_j |A_{aj}|\right) \text{ für } a = 0, 1, 2, \ldots, s.$$

Dann gilt

$$\sum_{j=0}^{\infty} |A|^r_{ij} \leqslant \prod_{k=0}^{r-1} M_{i+kl} \tag{3}$$

für alle $i = 0, 1, 2, \ldots$ und alle $r = 1, 2, 3, \ldots$.
Wir beweisen nun den Hilfssatz 2. Zunächst ist (3) für $r = 1$ erfüllt.

Außerdem gilt

$$\sum_j |A|_{ij}^{r+1} = \sum_{j=0}^{\infty} \sum_{a=0}^{i+rl} |A|_{ia}^r |A|_{aj} = \sum_{a=0}^{i+rl}\left(|A|_{ia}^r \cdot \sum_{j=0}^{\infty} |A|_{aj}\right)$$

$$\leqslant M_{i+rl} \cdot \prod_{k=0}^{r-1} M_{i+kl} = \prod_{k=0}^{(r+1)-1} M_{i+kl}.$$

Damit gilt (3) für alle Werte von r.

Zum Beweis des Satzes 4 wenden wir den Hilfssatz 2 auf die Matrix $K = \max |A(t)|$ an und erhalten

$$\sum_j \left(\mathbf{exp}[A(t)\,(t-x_0)]\right)_{ij} \leqslant \sum_{j=0}^{\infty} \sum_{r=0}^{\infty} K_{ij}^r \frac{|x-x_0|^r}{r!}$$

$$= \sum_{r=0}^{\infty}\left(\sum_{j=0}^{\infty} K_{ij}^r\right) \frac{|x-x_0|^r}{r!} \leqslant \sum_{r=0}^{\infty}\left(\prod_{k=0}^{r-1} M_{i+kl}\right) \frac{|x-x_0|^r}{r!}$$

$$\leqslant \sum_{r=0}^{\infty} M_i\left(\prod_{k=0}^{r-1}(i+kl)\right) C^{r-1} \frac{|x-x_0|^r}{r!} = \sum_{r=0}^{\infty} u_r \tag{4}$$

für alle $i = 0, 1, 2, \ldots$, für alle $l = 0, 1, 2, \ldots$ und für alle t in $x_0 \leqslant \;\leqslant t \leqslant x$.

(4) ist konvergent für alle Intervalle, für die $|x-x_0| < \dfrac{1}{lC}$ gilt, weil von einem gewissen r_0 an

$$\frac{u_{r+1}}{u_r} = \frac{i+rl}{r+1} C|x-x_0| < 1 \text{ ist.}$$

Weiterhin sieht man, daß die Reihe (4) gleichmässig konvergent in $x_0 \leqslant t \leqslant x$ ist. Die Exponentialfunktion ist daher stetig und unser Satz 4 bewiesen.

7. Grenzwerte

Wir wollen uns nun für die Existenz und für das Verhalten der Grenzwerte für t gegen Unendlich interessieren. Dabei wollen wir jedoch nur die absoluten Wahrscheinlichkeiten $p_n(t)$ bei gegebener Anfangsbedingung betrachten. Falls die Werte der $p_n(t)$ bekannt sind, können wir den Grenzübergang durchführen und nachprüfen, ob die so erhaltenen Grenzwerte eine Wahrscheinlichkeitsverteilung bilden, d.h. ob $\sum p_n = 1$ ist. Dabei zeigt es sich auch, ob die Grenzwerte unabhängig vom Anfangszustand E_N sind.

Falls die Werte von $p_n(t)$ jedoch nicht bekannt sind, können wir in einigen wichtigen Fällen die Grenzwerte berechnen. Wir wollen für endliche Systeme den folgenden Satz beweisen:

Satz 5:

Für homogene Prozesse mit endlich vielen Zuständen $a+1$ existieren die Grenzwerte

$$\lim_{t \to \infty} p_{ij}(t) = p_j > 0$$

für alle $i, j = 0, 1, 2, \ldots, a$ dann, wenn es ein t^* mit $0 \leqslant t^* < \infty$ gibt, derart, daß $p_{ij}(t^*) > 0$ für alle $i, j = 0, 1, 2, \ldots, a$ glit. Die Grenzwerte der absoluten Wahrscheinlichkeiten $p_n(t)$ existieren damit auch und sind unabhängig von den Anfangsbedingungen.

Falls die Grenzwerte der $p_n(t)$ existieren und positiv sind, sagen wir auch, daß sich der Prozeß nach hinreichend langer Zeit im „statistischen Gleichgewicht" befinde. Diese Bezeichnung drückt nur aus, daß der Einfluß der Anfangsbedingungen verschwunden ist; die Übergänge gehen jedoch dauernd weiter. p_n ist die Wahrscheinlichkeit, in einem beliebigen Zeitpunkt den Prozeß im Zustand E_n anzutreffen. Daraus lässt sich schließen, daß die p_n die Erwartungswerte der Zeitverhältnisse angeben, in denen sich der Prozeß in den Zuständen E_n befindet.

Wir wollen uns nun dem Beweis des Satzes 5 zuwenden. Es sei ein t^* derart gegeben, daß $p_{ij}(t^*) > 0$ ist für alle i und j. Da es sich um endlich viele p_{ij} handelt, existiert

$$\min_{0 \leqslant i, j \leqslant a} p_{ij}(t^*) = \delta > 0.$$

Außerdem folgt aus

$$\sum_j p_{ij}(t^*) = 1 \qquad (a+1)\,\delta \leqslant 1. \tag{1}$$

Es sei nun

$$b_j(t) = \min_{0 \leqslant i \leqslant a} p_{ij}(t)$$

und

$$B_j(t) = \max_{0 \leqslant i \leqslant a} p_{ij}(t).$$

Nach der Chapman-Kolmogoroffschen Gleichung gilt für jedes endliche Zeitstück dt

$$b_j(t+dt) = \min_{0 \leqslant i \leqslant a} p_{ij}(t+dt) = \min_{0 \leqslant i \leqslant a} \sum_{k=0}^{a} p_{ik}(dt)p_{kj}(t)$$

$$\geqslant \min_{0 \leqslant i \leqslant a} \sum_{k=0}^{a} p_{ik}(dt)\, b_j(t) = b_j(t).$$

Damit gilt also allgemein

$$b_j(t+\mathrm{d}t) \geqslant b_j(t).$$

Ebenso erhalten wir

$$B_j(t+\mathrm{d}t) \leqslant B_j(t).$$

Damit gilt für alle Folgen $t_1 \leqslant t_2 \leqslant t_3 \leqslant \ldots$ die Beziehung

$$b_j(t_1) \leqslant b_j(t_2) \leqslant \ldots \leqslant B_j(t_2) \leqslant B_j(t_1). \tag{2}$$

Wir halten nun i und m fest und bezeichnen mit $\sum_k^+$ bzw. $\sum_k^-$ die Summation über alle Zustände k, für die $p_{ik}(t^*) \geqslant p_{mk}(t^*)$ bzw. $p_{ik}(t^*) < p_{mk}(t^*)$ ist. Dann gilt

$$\sum_k^+ [p_{ik}(t^*)-p_{mk}(t^*)] + \sum_k^- [p_{ik}(t^*)-p_{mk}(t^*)] = 0. \tag{3}$$

Es sei nun $t > t^*$. Wir betrachten die Differenz

$$B_j(t)-b_j(t) = \max_{0 \leqslant i \leqslant a} p_{ij}(t) - \min_{0 \leqslant i \leqslant a} p_{ij}(t)$$

$$= \max_{0 \leqslant i \leqslant a} \sum_{k=0}^a p_{ik}(t^*)\,p_{kj}(t-t^*) - \min_{0 \leqslant m \leqslant a} \sum_{k=0}^a p_{mk}(t^*)p_{kj}(t-t^*)$$

$$= \max_{0 \leqslant i,\,m \leqslant a} \sum_{k=0}^a [p_{ik}(t^*)-p_{mk}(t^*)]p_{kj}(t-t^*)$$

$$\leqslant \max_{0 \leqslant i,\,m \leqslant a} \left\{ \sum_k^+ [p_{ik}(t^*)-p_{mk}(t^*)]B_j(t-t^*) \right.$$

$$\left. + \sum_k^- [p_{ik}(t^*)-p_{mk}(t^*)]b_j(t-t^*) \right\}.$$

Wenn wir (3) berücksichtigen, dann gilt

$$B_j(t)-b_j(t) \leqslant$$

$$\leqslant \max_{0 \leqslant i,\,m \leqslant a} \sum_k^+ [p_{ik}(t^*)-p_{mk}(t^*)][B_j(t-t^*)-b_j(t-t^*)]$$

$$= [B_j(t-t^*)-b_j(t-t^*)] \max_{0 \leqslant i,\,m \leqslant a} \sum_k^+ [p_{ik}(t^*)-p_{mk}(t^*)]. \tag{4}$$

Nach der Voraussetzung gilt für alle $i, j = 0, 1, 2, \ldots, a$ die Beziehung $0 < p_{ij}(t^*) \leqslant 1$. Dies gelte für w Glieder der Summe $\sum_k^+$ und für $a+1-w$ Glieder der Summe $\sum_k^-$.

28

Damit ist

$$- \sum_{k}{}^{+} p_{mk}(t^*) \leqslant -w\delta$$

und

$$\sum_{k}{}^{+} p_{ik}(t^*) \leqslant 1-(a+1-w)\delta \quad \text{mit } \delta \text{ aus (1)}.$$

Damit ist

$$\sum_{k}{}^{+}\{p_{ik}(t^*)-p_{mk}(t^*)\} \leqslant 1-(a+1-w)\delta-w = 1-(a+1)\delta.$$

Aus (4) folgt dann die Ungleichung

$$B_j(t)-b_j(t) \leqslant \big(1-(a+1)\delta\big)\,[B_j(t-t^*)-b_j(t-t^*)].$$

Ebenso gilt für $t > 2t^*$

$$B_j(t)-b_j(t) \leqslant \big(1-(a+1)\delta\big)^2[B_j(t-2t^*)-b_j(t-2t^*)].$$

Es bezeichne nun $[x]$ die größte ganze Zahl, die nicht größer als x ist.

Wir wiederholen nun das obige $\left[\dfrac{t}{t^*}\right]$-mal und erhalten

$$B_j(t)-b_j(t) = \big(1-(a+1)\delta\big)^{\left[\frac{t}{t^*}\right]}\left\{ B_j\left(t-\left[\frac{t}{t^*}\right]t^*\right)-b_j\left(t-\left[\frac{t}{t^*}\right]t^*\right)\right\}. \qquad (5)$$

Nun gilt mit Hilfe von (1)

$$0 \leqslant 1-(a+1)\delta < 1.$$

Nach (2) konvergieren die Folgen $\{b_j(t)\}$ und $\{B_j(t)\}$, während sich aus Gleichung (5) ergibt, daß diese Folgen einen gemeinsamen Grenzwert haben. Es gilt also

$$\lim_{t \to \infty} \max_{0 \leqslant i \leqslant a} p_{ij}(t) = \lim_{t \to \infty} \min_{0 \leqslant i \leqslant a} p_{ij}(t) = p_j.$$

Damit ist der Satz 5 bewiesen.

II. Spezielle Prozesse (Geburts- und Todesprozesse)

1. Anschauliche Herleitung der Kolmogoroffschen Gleichungen

Wir wollen im folgenden Prozesse betrachten, bei denen während eines kurzen Zeitabschnitts dt nur Übergänge in den nächsthöheren oder den nächstniederen Zustand mit Wahrscheinlichkeiten proportional zu dt behaftet sind. Solche Prozesse, bei denen sich die zufällige Veränderliche X_t in kurzen Zeitabschnitten nur um den Wert 1 nach oben oder nach unten ändern kann, nennt man *Geburts- und Todesprozesse*. Die zugehörigen Übergangswahrscheinlichkeiten seien:

für den Übergang $E_n \to E_{n+1}$ während der Zeit dt:

$$\lambda_n(t)\,dt + o(dt) \text{ und}$$

für den Übergang $E_n \to E_{n-1}$ während der Zeit dt:

$$\mu_n(t)\,dt + o(dt).$$

Übergänge in Zustände $E_{n\pm r}$ mit $r > 1$ setzen sich aus mindestens r einfachen Übergängen zusammen und sind daher proportional zu dt^r, also von der Ordnung $o(dt)$.

Diese Übergangswahrscheinlichkeiten sind unabhängig von der Vorgeschichte des Prozesses und hängen nur vom jeweiligen Zustand E_n ab. Wir nennen die λ_n bzw. die μ_n entweder allgemein *Koeffizienten* oder im Sinne des wichtigsten Anwendungsgebiets *Geburts-* bzw. *Todesraten*. Es bezeichne nun $p_{i,n}(s,t)$ die *relative Wahrscheinlichkeit*, daß der Prozeß im Zeitpunkt t im Zustand E_n ist unter der Voraussetzung, daß er zur Zeit s im Zustand E_i war, also

$$p_{i,n}(s, t) = P(X_t = n / X_s = i).$$

Es sei bekannt, daß unser System im Zeitpunkt $t+dt$ im Zustand E_n ist. Dann gibt es für das Zustandekommen des Zustandes E_n aus dem Zustand E_i zur Zeit s die drei folgenden einander ausschließenden Möglichkeiten:

1. Der Prozeß ging während des Zeitabschnittes (s, t) vom Zustand E_i in den Zustand E_{n-1} über. Die Wahrscheinlichkeit dafür ist $p_{i,n-1}(s, t)$. Dann ging der Prozeß während des Zeitabschnitts $(t, t+dt)$ aus dem Zustand E_{n-1} in den Zustand E_n über; die Wahrscheinlichkeit dafür ist $\lambda_{n-1}(t)\,dt + o(dt)$.

2. Der Prozeß ging während des Zeitabschnitts (s, t) vom Zustand E_i in den Zustand E_{n+1} über. Die Wahrscheinlichkeit dafür ist $p_{i,n+1}(s, t)$. Dann ging der Prozeß während des Zeitabschnitts $(t, t+dt)$ aus dem Zustand E_{n+1} in den Zustand E_n über; die Wahrscheinlichkeit dafür ist $\mu_{n+1}(t)\,dt+o(dt)$.

3. Der Prozeß ging während des Zeitabschnitts (s, t) aus dem Zustand E_i in den Zustand E_n über. Die Wahrscheinlichkeit dafür ist $p_{i,n}(s, t)$. Dann blieb der Prozeß während des Zeitabschnitts $(t, t+dt)$ im Zustand E_n; die Wahrscheinlichkeit dafür ist $1-\lambda_n(t)\,dt-\mu_n(t)\,dt+o(dt)$.

Für Übergänge aus anderen Zuständen oder für Übergänge, die auf Umwegen zum Zustand E_n führen, ergeben sich Wahrscheinlichkeiten von der Größenordnung $o(dt)$.

Da die obigen Ereignisse unabhängig voneinander sind und sich gegenseitig ausschließen, gilt

$$p_{i,n}(s, t+dt) = \lambda_{n-1}(t)p_{i,n-1}(s, t)\,dt+\mu_{n+1}(t)p_{i,n+1}(s, t)\,dt$$
$$+(1-\lambda_n(t)\,dt-\mu_n(t)\,dt)p_{i,n}(s, t)+o(dt)$$

oder

$$\frac{p_{i,n}(s, t+dt)-p_{i,n}(s, t)}{dt} = \lambda_{n-1}(t)p_{i,n-1}(s, t)$$

$$+\mu_{n+1}(t)p_{i,n+1}(s, t)-(\lambda_n(t)+\mu_n(t))p_{i,n}(s,t)+\frac{o(dt)}{dt}.$$

Unter gewissen Bedingungen (vgl. Satz 1) existiert die partielle Ableitung nach t, und wir erhalten beim Grenzübergang $dt \to 0$

$$\frac{\partial}{\partial t}p_{i,n}(s, t) = \lambda_{n-1}(t)p_{i,n-1}(s, t)+\mu_{n+1}(t)p_{i,n+1}(s, t)$$

$$-(\lambda_n(t)+\mu_n(t))p_{i,n}(s, t) \quad \text{für } n \geqslant 1$$

und

$$\frac{\partial}{\partial t}p_{i,0}(s, t) = \mu_1(t)p_{i,1}(s, t)-(\lambda_0(t)+\mu_0(t))p_{i,0}(s, t).$$

In der letzten Gleichung fehlt das Glied mit $\lambda_{-1}(t)$, da ja für den Übergang in den Zustand E_0 nur die zweite und dritte der oben angegebenen Möglichkeiten in Frage kommen.

Wir setzen nun $\mu_0(t) = 0$, da sonst Übergänge nach dem Zustand E_{-1} auftreten würden und ein solcher Zustand für unsere Modelle nicht sinnvoll wäre.

Falls $\lambda_0 = 0$ ist, dann ist E_0 ein *absorbierender Zustand*. Wenn nämlich unser Prozeß einmal nach E_0 gelangt ist, bleibt er für immer dort.

Falls $\lambda_0 > 0$ ist, dann ist E_0 ein *reflektierender Zustand* in dem Sinne, daß der Prozeß, falls er in den Zustand E_0 übergegangen ist, mit positiver Wahrscheinlichkeit wieder nach E_1 übergeht.

In Matrizenschreibweise nimmt unser Gleichungssystem die Form

$$\frac{\partial}{\partial t}\, P(s,\,t) = P(s,\,t)\, A(t)$$

an, wobei $A(t)$ jetzt die spezielle Form

$$A(t) = \begin{pmatrix} -\lambda_0 & \lambda_0 & 0 & 0 & 0 & \cdot \\ \mu_1 & -(\lambda_1+\mu_1) & \lambda_1 & 0 & 0 & \cdot \\ 0 & \mu_2 & -(\lambda_2+\mu_2) & \lambda_2 & 0 & \cdot \\ 0 & 0 & \mu_3 & -(\lambda_3+\mu_3) & \lambda_3 & \cdot \\ \cdot & \cdot & \cdot & \cdot & \cdot & \cdot \\ \cdot & \cdot & \cdot & \cdot & \cdot & \cdot \end{pmatrix}$$

hat.

Falls wir nun den Anfangszustand E_N unseres Systems zur Zeit $t = 0$ kennen, lässt sich unser Gleichungssystem einfacher schreiben. Wir wollen abkürzend $P(X_t = n/X_0 = N) = P(X_t = n) = p_n(t)$ schreiben und erhalten damit

$$\frac{\mathrm{d}}{\mathrm{d}t}\, p_n(t) = \lambda_{n-1}(t)p_{n-1}(t) + \mu_{n+1}(t)p_{n+1}(t) - (\lambda_n(t)+\mu_n(t))p_n(t) \quad \text{für } n \geqslant 1$$

und

$$\frac{\mathrm{d}}{\mathrm{d}t}\, p_0(t) = \mu_1(t)p_1(t) - \lambda_0(t)p_0(t)$$

mit den *Anfangsbedingungen*

$$p_n(0) = \delta_{nN} = \begin{cases} 1 & \text{für } n = N \\ 0 & \text{für } n \neq N. \end{cases}$$

Falls wir die $p_n(t)$ zu einem Vektor $p(t) = (p_0(t),\, p_1(t),\, \ldots)$ zusammenfassen, lässt sich dieses Gleichungssystem in der einfachen Form

$$\frac{\mathrm{d}}{\mathrm{d}t}\, p(t) = p(t)A(t)$$

schreiben, wobei $A(t)$ wieder dieselbe Matrix wie vorher ist.

Bei unserer vorigen Betrachtung von Übergängen haben wir den Zustand E_i zur Zeit s festgehalten und Änderungen des Systems in der Zeit von t bis $t+\mathrm{d}t$ betrachtet. Wir können nun genauso den Zustand E_n zur Zeit t festhalten und Übergänge von s bis $s+\mathrm{d}s$ betrachten. Es sei nun bekannt, daß unser System zur Zeit s im Zustand E_i ist.

Dann gibt es für das Zustandekommen des Zustandes E_n zur Zeit t aus dem Zustand E_i zur Zeit s die drei folgenden einander ausschließenden Möglichkeiten:

1. Der Prozeß ging während des Zeitabschnittes $(s, s+\mathrm{d}s)$ aus dem Zustand E_i in den Zustand E_{i+1} über; die Wahrscheinlichkeit dafür ist $\lambda_i(s)\mathrm{d}s+\mathrm{o}(\mathrm{d}s)$. Dann geht der Prozeß von E_{i+1} zur Zeit $s+\mathrm{d}s$ in den Zustand E_n zur Zeit t über; die Wahrscheinlichkeit dafür ist $p_{i+1,n}(s+\mathrm{d}s, t)$.
2. Der Prozeß ging während des Zeitabschnittes $(s, s+\mathrm{d}s)$ aus dem Zustand E_i in den Zustand E_{i-1} über; die Wahrscheinlichkeit dafür ist $\mu_i(s)\mathrm{d}s+\mathrm{o}(\mathrm{d}s)$. Dann geht der Prozeß von E_{i-1} zur Zeit $s+\mathrm{d}s$ in den Zustand E_n zur Zeit t über; die Wahrscheinlichkeit dafür ist $p_{i-1,n}(s+\mathrm{d}s, t)$.
3. Im Zeitabschnitt $(s, s+\mathrm{d}s)$ findet kein Übergang statt; die Wahrscheinlichkeit dafür ist $1-\lambda_i(s)\mathrm{d}s-\mu_i(s)\mathrm{d}s+\mathrm{o}(\mathrm{d}s)$. Dann geht der Prozeß von E_i zur Zeit $s+\mathrm{d}s$ in den Zustand E_n zur Zeit t über; die Wahrscheinlichkeit dafür ist $p_{i,n}(s+\mathrm{d}s, t)$.

Für das Zustandekommen des Zustandes E_n zur Zeit t aus dem Zustand E_i zur Zeit s erhalten wir also

$$p_{i,n}(s, t) = \lambda_i(s)p_{i+1,n}(s+\mathrm{d}s, t)\mathrm{d}s+\mu_i(s)p_{i-1,n}(s+\mathrm{d}s, t)\mathrm{d}s$$
$$+(1-\lambda_i(s)\mathrm{d}s-\mu_i(s)\mathrm{d}s)p_{i,n}(s+\mathrm{d}s, t)+\mathrm{o}(\mathrm{d}s).$$

Wie vorher erhalten wir beim Grenzübergang $\mathrm{d}s \to 0$

$$\frac{\partial}{\partial s}p_{i,n}(s, t) = -\lambda_i(s)p_{i+1,n}(s, t)+\mu_i(s)p_{i-1,n}(s, t)-$$
$$-\left(\lambda_i(s)+\mu_i(s)\right)\overline{p_{i,n}(s, t)},$$

und wir können wieder in Matrizenschreibweise zusammenfassen

$$\frac{\partial}{\partial s}\,P(s, t) = -A(s)\,P(s, t).$$

Für diese beiden Gleichungssysteme wollen wir nun unter verschiedenen Annahmen Lösungen berechnen.

2. Ein spezieller inhomogener Prozeß

Wir wollen nun den Fall behandeln, daß die λ_n gegeben sind durch

$$\lambda_n = \lambda(t)n \quad \text{und die } \mu_n \text{ gegeben sind durch}$$
$$\mu_n = \mu(t)n.$$

Dies entspricht einer zeitlich veränderlichen Geburtenrate von $\lambda(t)$ und einer ebenfalls zeitlich veränderlichen Todesrate von $\mu(t)$. Damit erhält unser Differentialgleichungssystem **(1)** für die absoluten Wahrscheinlichkeiten unter gegebener Anfangsbedingung die Gestalt

$$\frac{\mathrm{d}}{\mathrm{d}t}\, p_n(t) = (n-1)\lambda(t)p_{n-1}(t)+(n+1)\mu(t)p_{n+1}(t)$$

$$-n\big(\lambda(t)+\mu(t)\big)\, p_n(t) \qquad \text{für } n \geqslant 1 \qquad (2.1)$$

und

$$\frac{\mathrm{d}}{\mathrm{d}t}\, p_0(t) = \mu(t)\, p_1(t).$$

Dabei seien $\lambda(t)$ und $\mu(t)$ stetige Funktionen der Zeit t. Unsere Anfangsbedingungen seien

$$p_n(0) = \delta_{n,1}. \qquad (2.2)$$

Für die Lösung dieses Gleichungssystems führen wir die *erzeugende Funktion* $f(s, t)$ ein. Diese ist gegeben durch

$$f(s, t) = \sum_{n=0}^{\infty} p_n(t)s^n.$$

Wenn wir $f(s, t)$ nach s bzw. nach t differenzieren, erhalten wir

$$\frac{\partial f}{\partial t} = \sum_{n=0}^{\infty} p_n'(t)s^n \qquad \text{bzw.} \qquad \frac{\partial f}{\partial s} = \sum_{n=0}^{\infty} np_n(t)s^{n-1}.$$

Falls wir die erzeugende Funktion bestimmen können, erhalten wir aus ihrer Potenzreihenentwicklung die gesuchten Wahrscheinlichkeiten $p_n(t)$. Außerdem erhalten wir den *Erwartungswert* aus

$$\left.\frac{\partial f}{\partial s}\right|_{s=1} = \sum_{n=0}^{\infty} n\, p_n(t) = E(X_t)$$

und die *Streuung* aus

$$\left.\frac{\partial^2 f}{\partial s^2}\right|_{s=1} + \left.\frac{\partial f}{\partial s}\right|_{s=1} - \left(\left.\frac{\partial f}{\partial s}\right|_{s=1}\right)^2 = E(X_t^2)-E^2(X_t)=D^2(X_t).$$

Wenn wir die Gleichungen (2.1) mit s^n multiplizieren und von $n = 0$ bis ∞ summieren, erhalten wir für $f(s, t)$ die lineare partielle Differentialgleichung

$$\frac{\partial f}{\partial t} = (s-1)\,(\lambda s-\mu)\frac{\partial f}{\partial s} \qquad (2.3)$$

mit der Randbedingung $f(s, 0) = s$.

Die Hilfsgleichung für die Auflösung dieser partiellen Differentialgleichung nach der *Charakteristikenmethode* ist

$$\frac{\mathrm{d}s}{\mathrm{d}t} = -\mu + (\lambda + \mu)s - \lambda s^2.$$

Dies ist eine Riccatische Differentialgleichung. Eine Eigenschaft dieser Differentialgleichung ist es, daß die allgemeine Lösung sich darstellen lässt in der Form

$$s = \frac{f_1 + Cf_2}{f_3 + Cf_4}$$

oder als

$$C = \frac{sf_3 - f_1}{f_2 - sf_4},$$

wobei die f_i Funktionen von t sind.
Die allgemeine Lösung der Gleichung (2.3) hat die Gestalt

$$f(s, t) = \varnothing \left(\frac{sf_3 - f_1}{f_2 - sf_4} \right),$$

und aus der Randbedingung $f(s, 0) = s$ ergibt sich die Darstellung

$$f(s, t) = \frac{u(t) + \big(1 - u(t) - v(t)\big)s}{1 - v(t)s}. \tag{2.4}$$

Wenn man jetzt nach Potenzen von s entwickelt, erhält man

$$p_0(t) = u \quad \text{und} \quad p_n(t) = (1 - u)(1 - v)v^{n-1} \quad \text{für } n \geq 1. \tag{2.5}$$

Dabei sind u und v noch zu bestimmende Funktionen der Zeit t. Dieser Prozeß weist also für die zufällige Veränderliche X_t in jedem Moment t eine geometrische Reihe mit einem abgeänderten Nullglied als Verteilung auf.
Um u und v zu bestimmen, setzen wir (2.4) in (2.3) ein und erhalten durch Vergleich der Absolutglieder und der Koeffizienten von s

$$(vu' - uv') + v' = \lambda(1 - u)(1 - v)$$

und

$$u' = \mu(1 - u)(1 - v).$$

Dabei bedeutet $u' = \dfrac{\mathrm{d}u}{\mathrm{d}t}$ und $v' = \dfrac{\mathrm{d}v}{\mathrm{d}t}$. Wir setzen nun $U = 1 - u$ und $V = 1 - v$ und erhalten damit

$$\frac{U'}{U} = -\mu V$$

und

$$V' = (\mu - \lambda)V - \mu V^2.$$

Die letzte Gleichung ist eine Bernoullische Differentialgleichung, und man setzt

$$W = \frac{1}{V}$$

und erhält damit

$$W' + (\mu - \lambda)\, W = \mu.$$

Zur Zeit $t = 0$ sind $u = v = 0$ und damit $U = V = W = 1$. Man erhält also

$$W = \mathrm{e}^{-r(t)} \left(1 + \int\limits_0^t \mathrm{e}^{r(\tau)} \mu(\tau)\, \mathrm{d}\tau \right) \tag{2.6}$$

mit

$$r(t) = \int\limits_0^t \big(\mu(\tau) - \lambda(\tau)\big)\, \mathrm{d}\tau. \tag{2.7}$$

Nun können wir U und V und demnach auch u und v in r und W ausdrücken, und es gilt

$$\frac{U'}{U} = -\mu V = -\frac{\mu}{W} = -\frac{W'}{W} - r'.$$

Demnach ist

$$u = 1 - \frac{\mathrm{e}^{-r}}{W} \quad \text{und} \quad v = 1 - \frac{1}{W}. \tag{2.8}$$

Zusammen mit den Gleichungen (2.5) sind also jetzt die $p_n(t)$ als Funktionen von t bestimmt. Insbesondere erhalten wir

$$E(X_t) = \frac{1-u}{1-v} = \mathrm{e}^{-r(t)} \tag{2.9}$$

und

$$D^2(X_t) = \frac{(1-u)(u+v)}{(1-v)^2} = \mathrm{e}^{-2r(t)}(2\,W - 1 - \mathrm{e}^{-r(t)})$$

$$= \mathrm{e}^{-2r(t)} \int\limits_0^t \mathrm{e}^{r(\tau)} \big(\lambda(\tau) + \mu(\tau)\big)\, \mathrm{d}\tau. \tag{2.10}$$

Für die Wahrscheinlichkeit der *Absorption* des Prozesses im Zustand E_0, also für $p_0(t)$, erhalten wir

$$p_0(t) = \frac{\displaystyle\int\limits_0^t \mathrm{e}^{r(\tau)} \mu(\tau)\, \mathrm{d}\tau}{1 + \displaystyle\int\limits_0^t \mathrm{e}^{r(\tau)} \mu(\tau)\, \mathrm{d}\tau}. \tag{2.11}$$

Die notwendige und hinreichende Bedingung für die sichere Absorption ist, daß Idas ntegral

$$I = \int\limits_0^\infty e^{r(\tau)}\mu(\tau)\,d\tau$$

divergiert. Der Integrand ist nichtnegativ, und deshalb muß das Integral entweder nach $+\infty$ divergieren oder einen endlichen Wert annehmen. In jedem Fall ist die Wahrscheinlichkeit der Absorption gegeben durch

$$\lim_{t\to\infty} p_0(t) = p_0 = \frac{I}{1+I}\,.$$

Für die Anfangsbedingung $p_n(0) = \delta_{nN}$ mit $N > 1$ erhalten wir für die Wahrscheinlichkeit der Absorption

$$\lim_{t\to\infty} p_0(t) = p_0 = \left(\frac{I}{1+I}\right)^N,$$

denn man erhält hier die erzeugende Funktion

$$\left(\frac{u+(1-u-v)s}{1-vs}\right)^N$$

und damit $p_0(t) = u^N$.

Damit ergeben sich auch die Werte für $E(X_t)$ und $D^2(X_t)$ bei geänderter Anfangsbedingung, indem wir die vorigen Ergebnisse (2.9) und (2.10) mit N multiplizieren.

Wir wollen einen Prozeß *transient* nennen, wenn das Integral I divergiert, wenn also die Wahrscheinlichkeit der Absorption gleich Eins ist. Wir können uns nun für das *Alter des Prozesses im Zeitpunkt der Absorption* interessieren. Dies ist eine neue zufällige Veränderliche T. Für sie gilt

$$p_0(t) = P(T \leqslant t).$$

Ihre Verteilungsfunktion ist also

$$P(T \leqslant t) = p_0(t) = \frac{\displaystyle\int_0^t e^{r(\tau)}\mu(\tau)\,d\tau}{1 + \displaystyle\int_0^t e^{r(\tau)}\mu(\tau)\,d\tau}, \qquad (2.12)$$

und ihre Dichte ist dann

$$p_0'(t) = \frac{e^{r(t)}\mu(t)}{\left(1 + \displaystyle\int_0^t e^{r(\tau)}\mu(\tau)\,d\tau\right)^2} \quad \text{für } 0 \leqslant t < \infty. \qquad (2.13)$$

Bei der Anfangsbedingung $p_n(0) = \delta_{nN}$ gilt für die Verteilung von T

$$P(T \leqslant t) = [p_0(t)]^N$$

und für die Dichte

$$\frac{\mathrm{d}}{\mathrm{d}t}[p_0(t)]^N = N\,p_0'(t)\,[p_0(t)]^{N-1} \quad \text{für } 0 \leqslant t < \infty.$$

Die *mittlere Lebensdauer* T_m eines transienten Prozesses erhalten wir aus

$$\int\limits_0^{T_m} \mathrm{e}^{r(t)}\mu(t)\,\mathrm{d}t = 1. \tag{2.14}$$

Wir wollen nun noch eine neue zufällige Veränderliche G_t, die die Zahl der Aufwärtsschritte bis zum Zeitpunkt t einschließlich des Wertes von X_t zur Zeit $t = 0$ angibt, untersuchen. Für die Anwendung auf Bevölkerungen bedeutet dies, daß alle Einwohner, die irgendwann gelebt haben, zusammengezählt werden. Wir nennen die zufällige Veränderliche G_t die *Gesamtbevölkerung*. Es sei nun $p_{n,m}(t) = P(X_t = n, G_t = m)$. Wir führen jetzt eine neue erzeugende Funktion

$$g(r, s, t) = \sum_{n=0}^{\infty} \sum_{m=0}^{\infty} p_{n,m}(t)\, r^n s^m$$

ein. Wie oben erhalten wir für die Funktion g die partielle Differentialgleichung

$$\frac{\partial g}{\partial t} = (\lambda s r^2 - (\lambda+\mu)r + \mu)\,\frac{\partial g}{\partial r}.$$

Falls zur Zeit $t = 0$ unser System im Zustand E_1 ist, erhalten wir die Randbedingung

$$g(r, s, 0) = rs.$$

Eine allgemeine Lösung dieses Problems ist nicht bekannt, jedoch lassen sich Erwartungswert und Streuung der zufälligen Veränderlichen G_t berechnen, indem man die erzeugende Funktion 2. Art

$$h(x, y, t) = \ln g(\mathrm{e}^x, \mathrm{e}^y, t)$$

einführt. Für diese gilt dann die partielle Differentialgleichung

$$\frac{\partial h}{\partial t} = [\lambda(\mathrm{e}^{x+y}-1)-\mu(1-\mathrm{e}^{-x})]\,\frac{\partial h}{\partial x},$$

und weiterhin gilt

$$h = xE(X_t) + yE(G_t) + \frac{1}{2}\,x^2 D^2(X_t) + \frac{1}{2}\,y^2 D^2(G_t) + xy\,\mathrm{Cov}(X_t, G_t) + \dots .$$

Wenn wir beide Seiten der Gleichung in Potenzreihen von x und y entwickeln und die Koeffizienten vergleichen, erhalten wir die Differentialgleichungen

$$\frac{d}{dt} E(X_t) = (\lambda-\mu)\, E(X_t),$$

$$\frac{d}{dt} D^2(X_t) = (\lambda+\mu)E(X_t)+2(\lambda-\mu)D^2(X_t),$$

$$\frac{d}{dt} E(G_t) = \lambda\, E(X_t),$$

$$\frac{d}{dt} D^2(G_t) = \lambda\, E(X_t)+2\lambda\, \mathrm{Cov}(X_t, G_t)$$

und $\quad \dfrac{d}{dt} \mathrm{Cov}(X_t, G_t) = \lambda\, E(X_t)+\lambda\, D^2(X_t)+(\lambda-\mu)\, \mathrm{Cov}(X_t, G_t).$

Die Lösungen der ersten und zweiten Gleichung sind oben schon angegeben. Aus der dritten erhalten wir den Erwartungswert von G_t zu

$$E(G_t) = 1 + \int_0^t e^{-r(\tau)}\lambda(\tau)\, d\tau.$$

Die fünfte Gleichung liefert

$$\mathrm{Cov}(X_t, G_t) = E(X_t)\int_0^t 1 + \frac{D^2(X_t)}{E(X_t)}\, \lambda(\tau)\, d\tau.$$

Schließlich erhält man damit aus der vierten Gleichung

$$D^2(G_t) = \int_0^t (E(X_t)+2\, \mathrm{Cov}(X_t, G_t))\, \lambda(\tau)\, d\tau.$$

Wir wollen nun noch nachweisen, daß die Lösungen für diesen Prozeß die Bedingungen des Satzes 1 und des Satzes 2 erfüllen. Sie sind dann eindeutig und erfüllen die Bedingung (II) in der Form

$$\sum_n p_n(t) = 1 \quad \text{für alle } t \geqslant 0.$$

Um die absolute Exponierbarkeit unserer Matrix $A(t)$ nachzuweisen, benützen wir das im Satz 4 angegebene Kriterium. Wir müssen also zeigen, daß unsere Matrix $A(t)$

$$A_{i,j} = A(i,j)\, \Delta(0 \leqslant j \leqslant i+l) \quad (1) \quad \text{und}$$

$$\sum_j |A_{i,j}| \leqslant f(t)\, i \quad \text{für alle } i \geqslant 1 \quad (2) \quad \text{erfüllt.}$$

In unserem Fall besteht die Matrix $A(t)$ aus den Elementen:

$$A_{i,i} = -(\lambda(t)+\mu(t))\,i,$$

$$A_{i,i+1} = \lambda(t)\,i,$$

$$A_{i,i-1} = \mu(t)\,i$$

und

$$A_{i,j} = 0 \quad \text{für} \quad |i-j| > 1.$$

Wir sehen, daß (1) mit $l = 1$ erfüllt ist. Außerdem gilt (2) in der Form

$$\sum_j |A_{i,j}| = \mu(t)i+(\lambda(t)+\mu(t))i+\lambda(t)i = 2(\lambda(t)+\mu(t))i$$

$$= f(t)i \quad \text{für alle} \quad i \geqslant 1.$$

Damit ist nachgewiesen, daß unsere Matrix $A(t)$ absolut exponierbar ist und damit unsere Lösungen eindeutig sind.
Die Forderung des Satzes 2 besagt für unseren Prozeß, daß

$$\sum_{n=0}^{\infty} \frac{1}{\overline{q}_n}$$

divergieren muß, wobei jetzt

$$\overline{q}_n = \max_{s \leqslant \tau \leqslant t} (\lambda(\tau)+\mu(\tau))n$$

ist. Man sieht leicht, daß auch diese Forderung erfüllt ist.

Homogene Prozesse

In diesem Abschnitt wollen wir die für die Anwendungen wichtigsten Sonderfälle behandeln. Wir betrachten zunächst Fälle, bei denen die Koeffizienten proportional zum Zustand E_n sind. Später werden wir auch Fälle betrachten, bei denen quadratische Glieder auftreten.

3. $\lambda_n = \lambda n$ und $\mu_n = \mu n$

Wir wollen hier den Fall betrachten, daß die Geburten- und Todesraten nicht von der Zeit abhängen und jeweils proportional zum Zustand E_n des Systems sind. Es seien also λ und μ Konstante. Um eine Lösung für diesen Fall zu erhalten, dürfen wir nur die Ergebnisse des vorigen Abschnittes spezialisieren. Wir setzen nämlich $\lambda(t) = \lambda$ und $\mu(t) = \mu$.

Damit erhalten wir wieder das Differentialgleichungssystem

$$\frac{\mathrm{d}}{\mathrm{d}t}p_n(t) = (n-1)\lambda p_{n-1}(t)+(n+1)\mu p_{n+1}(t)-n(\lambda+\mu)p_n(t) \quad \text{für } n \geqslant 1$$

und

$$\frac{\mathrm{d}}{\mathrm{d}t}p_0(t) = \mu p_1(t).$$

Für die Anfangsbedingung $p_n(0) = \delta_{n1}$ erhalten wir nach (2.5)

$$p_0(t) = u \quad \text{und} \quad p_n(t) = (1-u)\,(1-v)\,v^{n-1} \quad \text{für } n \geqslant 1.$$

Wir berechnen nun u und v. Dazu brauchen wir zuerst $r(t)$ und W. Aus (2.7) erhalten wir

$$r(t) = \int\limits_0^t \big(\mu(\tau)-\lambda(\tau)\big)\,\mathrm{d}\tau = (\mu-\lambda)t$$

und aus (2.6)

$$W = \mathrm{e}^{r-(t)}\left(1+\int\limits_0^t \mathrm{e}^{r(\tau)}\mu(\tau)\,\mathrm{d}\tau\right) = \frac{\lambda\mathrm{e}^{(\lambda-\mu)t}-\mu}{\lambda-\mu}.$$

Dabei haben wir immer $\lambda \neq \mu$ vorausgesetzt. Den Fall $\lambda = \mu$ wollen wir nachher gesondert behandeln.

Mit den obigen Ergebnissen erhalten wir nach (2.8)

$$u = 1-\frac{\mathrm{e}^{-r}}{W} = \frac{\mu(\mathrm{e}^{(\lambda-\mu)t}-1)}{\lambda\mathrm{e}^{(\lambda-\mu)t}-\mu}$$

und

$$v = 1-\frac{1}{W} = \frac{\lambda(\mathrm{e}^{(\lambda-\mu)t}-1)}{\lambda\mathrm{e}^{(\lambda-\mu)t}-\mu}.$$

Wir können die Lösung auch in der Form angeben, in der sie zum ersten Mal von *Palm* (1945) gefunden wurde:

$$p_0(t) = 1+\frac{\mu-\lambda}{\lambda-\mu\mathrm{e}^{(\mu-\lambda)t}}$$

und

$$p_n(t) = \frac{(\mu-\lambda)^2}{\lambda^2}\,\mathrm{e}^{(\mu-\lambda)t}\,\frac{(1-\mathrm{e}^{(\mu-\lambda)t})^{n-1}}{\left(1-\dfrac{\mu}{\lambda}\mathrm{e}^{(\mu-\lambda)t}\right)^{n+1}}.$$

In der Schreibweise von *Kendall* erhalten wir

$$p_0(t) = u \quad \text{und} \quad p_n(t) = (1-u)(1-v)v^{n-1}, \qquad (3.1)$$

wobei

$$\frac{u}{\mu} = \frac{v}{\lambda} = \frac{e^{(\lambda-\mu)t}-1}{\lambda e^{(\lambda-\mu)t}-\mu}$$

ist.

Insbesondere erhalten wir

$$E(X_t) = e^{(\lambda-\mu)t}$$

und

$$D^2(X_t) = e^{2(\lambda-\mu)t}(\lambda+\mu)\int_0^t e^{-(\lambda-\mu)\tau}\,d\tau$$

$$= \frac{\lambda+\mu}{\lambda-\mu}\, e^{2(\lambda-\mu)t}(1-e^{-(\lambda-\mu)t}).$$

Die Wahrscheinlichkeit der Absorption ist gegeben durch

$$p_0(t) = \frac{\mu(e^{(\lambda-\mu)t}-1)}{\lambda e^{(\lambda-\mu)t}-\mu},$$

und wir sehen, daß

$$\lim_{t\to\infty} p_0(t) = \begin{cases} 1 & \text{für } \lambda < \mu \\ \dfrac{\mu}{\lambda} & \text{für } \lambda > \mu. \end{cases}$$

Weiterhin sieht man aus (3.1), daß für alle $n \neq 0$

$$\lim_{t\to\infty} p_n(t) = 0 \text{ ist.}$$

Falls $\lambda < \mu$ ist, erhalten wir einen transienten Prozeß, und wir können die Verteilung und die Dichte der Lebensdauer T angeben. Diese sind nach (2.12) und (2.13)

$$P(T \leqslant t) = p_0(t) = u = \frac{\mu(e^{(\lambda-\mu)t}-1)}{\lambda e^{(\lambda-\mu)t}-\mu}$$

und

$$p_0'(t) = \frac{\mu(\lambda-\mu)^2\,e^{(\lambda-\mu)t}}{(\mu e^{(\lambda-\mu)t}-\lambda)^2} \quad \text{für } 0 \leqslant t < \infty.$$

Für die mittlere Lebensdauer T_m gilt nach (2.14)

$$\int_0^{T_m} e^{(\mu-\lambda)t}\mu\,dt = 1$$

und daraus folgt

$$T_m = \frac{1}{\mu-\lambda} \ln\left(2-\frac{\lambda}{\mu}\right).$$

Für die Gesamtbevölkerung G_t erhalten wir die folgenden Werte

$$E(G_t) = \frac{\mu-\lambda e^{(\lambda-\mu)t}}{\mu-\lambda},$$

$$\mathrm{Cov}(X_t, G_t) = \frac{\lambda e^{(\lambda-\mu)t}}{\mu-\lambda}\left(2\mu t - \frac{\mu+\lambda}{\mu-\lambda}(1-e^{(\lambda-\mu)t})\right)$$

und $\quad D^2(G_t) = \frac{\lambda(\mu+\lambda)}{(\mu-\lambda)^2}(1-e) - \frac{4\lambda^2\mu t e}{(\mu-\lambda)^2} + \frac{\lambda^2(\mu+\lambda)}{(\mu-\lambda)^3}(1-e^2),$

wobei wir in der letzten Formel der Einfachheit halber $e^{(\lambda-\mu)t}$ durch e abgekürzt haben.

Beim Grenzübergang von t gegen Unendlich erhalten wir

$$\lim_{t\to\infty} E(G_t) = \frac{\mu}{\mu-\lambda}$$

und

$$\lim_{t\to\infty} D^2(G_t) = \frac{\lambda\mu(\lambda+\mu)}{(\mu-\lambda)^3}.$$

Die Kovarianz strebt dabei gegen Null.

Wir wollen nun gesondert den Fall $\lambda=\mu$ behandeln. Wir erhalten an Stelle der Gleichung (2.3)

$$\frac{\partial f}{\partial t} = \lambda(s-1)^2 \frac{\partial f}{\partial s} \tag{3.2}$$

mit der Randbedingung $f(s,0) = s$, falls $p_n(0) = \delta_{n1}$ ist.

Diesmal lautet die Hilfsgleichung

$$\frac{ds}{dt} = -\lambda(s-1)^2.$$

Wir lösen gleich nach der Integrationskonstanten auf und erhalten

$$s_0 = \frac{s-\lambda t(s-1)}{1-\lambda t(s-1)}.$$

Die allgemeine Lösung von (3.2) ist

$$f(s, t) = w(s_0) = w \left(\frac{s-\lambda t(s-1)}{1-\lambda t(s-1)} \right),$$

und aus der Randbedingung $f(s, 0) = s$ ergibt sich

$$f(s, t) = \frac{s-\lambda t(s-1)}{1-\lambda t(s-1)} = \frac{\lambda t + s(1-\lambda t)}{1+\lambda t-\lambda ts}.$$

Aus der Reihenentwicklung nach Potenzen von s erhalten wir

$$p_0(t) = \frac{\lambda t}{1+\lambda t} \quad \text{und} \quad p_n(t) = \left(1-p_0(t)\right)^2 \left(p_0(t)\right)^{n-1}$$

oder

$$p_0(t) = \frac{\lambda t}{1+\lambda t} \quad \text{und} \quad p_n(t) = \frac{(\lambda t)^{n-1}}{(1+\lambda t)^{n+1}}.$$

Daraus erhalten wir

$$E(X_t) = 1 \quad \text{und} \quad D^2(X_t) = 2\lambda t$$

und außerdem

$$\lim_{t \to \infty} p_0(t) = 1.$$

Der Prozeß ist also transient, und als Dichte der Lebensdauer T ergibt sich

$$p_0'(t) = \frac{\lambda}{(1+\lambda t)^2} \quad \text{für} \quad 0 \leqslant t < \infty$$

und

$$T_m = \frac{1}{\lambda}.$$

Für die Gesamtbevölkerung G_t erhalten wir beim Grenzübergang von t gegen Unendlich

$$\lim_{t \to \infty} E(G_t) = \infty, \text{ da sich}$$

$$E(G_t) = 1+\lambda t \text{ ergibt.}$$

Wir hatten im Falle der zeitabhängigen Koeffizienten im Abschnitt 2 die Lösungen $p_n(t)$ nur für die Anfangsbedingung $p_n(0) = \delta_{n1}$ angeben können. Im Falle der zeitunabhängigen Koeffizienten können wir die Lösungen auch für Anfangsbedingungen $p_n(0) = \delta_{nN}$ mit $N > 1$ angeben.

Damit erhalten wir als Randbedingung für die partielle Differentialgleichung der erzeugenden Funktion

$$f(s, 0) = s^N$$

und als Lösung dann

$$f(s, t) = \left(\frac{u+(1-u-v)s}{1-vs}\right)^N.$$

Im Falle der zeitunabhängigen Koeffizienten lässt sich diese Funktion nach s entwickeln und wir erhalten für $\lambda \neq \mu$ und mit der Abkürzung $e^{(\lambda-\mu)t} = e$

$$f(s, t) = \sum_{r=0}^{N} \binom{N}{r} (-1)^r \mu^{N-r}(1-e)^{N-r}(\lambda-\mu e)^r s^r \cdot$$

$$\cdot \sum_{q=0}^{\infty} \binom{-N}{q} (-1)^q \lambda^q (\mu-\lambda e)^{-q} \left(\frac{1-e}{\mu-\lambda e}\right)^q s^q.$$

Wenn wir nach Potenzen von s ordnen, ergibt sich

$$p_n(t) = \left(\frac{1-e}{\mu-\lambda e}\right)^N \sum_{k=0}^{\min(n,N)} (-1)^k \binom{N}{k} \binom{N+n-k-1}{N-1} \mu^{N-k} \lambda^{n-k} \cdot$$

$$\cdot \left(\frac{\mu-\lambda e}{1-e}\right)^{k-n} \left(\frac{\lambda-\mu e}{1-e}\right)^k.$$

Aus dem Ausdruck für $f(s, t)$ erhalten wir direkt wie schon angegeben

$$E(X_t) = N e^{(\lambda-\mu)t}$$

und

$$D^2(X_t) = N\frac{\mu+\lambda}{\mu-\lambda} e^{(\lambda-\mu)t}(1-e^{(\lambda-\mu)t}).$$

Ebenso ergibt sich

$$\lim_{t \to \infty} p_0(t) = \begin{cases} 1 & \text{für } \lambda < \mu \\ \left(\dfrac{\mu}{\lambda}\right)^N & \text{für } \lambda > \mu. \end{cases}$$

Ausserdem sind für $n \neq 0$ alle $\lim p_n(t) = p_n = 0$.

Auch die Ausdrücke für $E(G_t)$, $D^2(G_t)$ und T_m lassen sich auf den Fall $N > 1$ übertragen.

Es ergibt sich nämlich

$$E(G_t) = N\,\frac{\mu - \lambda\,e^{(\lambda-\mu)t}}{\mu-\lambda}$$

und

$$T_m = \frac{1}{\mu-\lambda}\,\ln\left(\frac{2^{1/N}\mu-\lambda}{(2^{1/N}-1)\mu}\right).$$

Im Falle $\lambda = \mu$ erhalten wir jetzt für die erzeugende Funktion

$$f(s,\,t) = \left(\frac{\lambda t+s(1-\lambda t)}{1+\lambda t-\lambda t s}\right)^N$$

und aus der Reihenentwicklung

$$p_n(t) = \frac{(\lambda t)^{N+n}}{(1+\lambda t)^N(1-\lambda t)^n}\sum_{k=0}^{\min(n,N)}\binom{N}{k}\binom{N+n-k-1}{N-1}\left(1-\frac{1}{\lambda t}\right)^{2k}.$$

Auch hier ist $\lim\limits_{t\to\infty}p_0(t) = 1$ und die Grenzwerte für alle übrigen $p_n(t)$ sind $= 0$. Weiterhin erhalten wir in diesem Fall

$$E(G_t) = N(1+\lambda t)$$

und

$$T_m = \frac{1}{\lambda(2^{1/N}-1)}.$$

Eine weitere zufällige Veränderliche, die uns Aufschluß über den Verlauf des Prozesses geben kann, ist

$$M(X) = \max_{t\geqslant 0} X_t,$$

d.h. $M(X)$ ist der *Maximalwert*, den X_t im Verlauf der Zeit annimmt. Für diese zufällige Veränderliche gilt

$$P(M(X) < m/X_0 = N) = \begin{cases}\dfrac{\left(\dfrac{\mu}{\lambda}\right)^N-\left(\dfrac{\mu}{\lambda}\right)^m}{1-\left(\dfrac{\mu}{\lambda}\right)^m} & \text{für } \lambda \neq \mu \\[3ex] \dfrac{m-N}{m} & \text{für } \lambda = \mu.\end{cases}$$

Wir geben nun einige Tabellen, aus denen bei verschiedenen Werten von λ und μ die zeitliche Entwicklung der Wahrscheinlichkeiten $p_n(t)$ hervorgeht. Die Berechnung erfolgte nach den Gleichungen (3.1).

1. Beispiel: $\lambda = 0{,}4 \quad \mu = 0{,}6 \quad N = 1$.

t	$p_0(t)$	$p_1(t)$	$p_2(t)$	$p_3(t)$	$p_4(t)$	$p_5(t)$	$p_{>5}(t)$
1	0,399	0,441	0,118	0,031	0,008	0,002	0,001
2	0,596	0,243	0,098	0,038	0,015	0,006	0,004
5	0,838	0,072	0,040	0,022	0,012	0,007	0,009
10	0,950	0,018	0,012	0,007	0,005	0,003	0,005
20	0,994	0,002	0,001	0,001	0,001	0,000	0,001
∞	1,000	0	0	0	0	0	0

2. Beispiel: $\lambda = 0{,}5 \quad \mu = 0{,}5 \quad N = 1$.

t	$p_0(t)$	$p_1(t)$	$p_2(t)$	$p_3(t)$	$p_4(t)$	$p_5(t)$	$p_{>5}(t)$
1	0,333	0,444	0,148	0,049	0,017	0,006	0,003
2	0,500	0,250	0,125	0,062	0,031	0,016	0,016
5	0,715	0,081	0,058	0,042	0,030	0,021	0,053
10	0,833	0,028	0,023	0,019	0,016	0,013	0,067
20	0,909	0,008	0,008	0,007	0,006	0,006	0,056
∞	1,000	0	0	0	0	0	0

3. Beispiel: $\lambda = 0{,}6 \quad \mu = 0{,}4 \quad N = 1$.

t	$p_0(t)$	$p_1(t)$	$p_2(t)$	$p_3(t)$	$p_4(t)$	$p_5(t)$	$p_{>5}(t)$
1	0,266	0,441	0,176	0,070	0,028	0,011	0,008
2	0,397	0,243	0,145	0,087	0,052	0,031	0,045
5	0,558	0,072	0,060	0,050	0,042	0,035	0,183
10	0,634	0,018	0,017	0,016	0,016	0,015	0,284
20	0,663	0,002	0,002	0,002	0,002	0,002	0,327
∞	0,667	0	0	0	0	0	0,333

4. $\lambda_n = \lambda n + k$ und $\mu_n = \mu n$

Einen wichtigen Sonderfall für die Anwendung stellen die Koeffizienten $\lambda_n = \lambda n + k$ und $\mu_n = \mu n$ dar. Dabei sind λ, μ und k Konstante. In diesem Fall erhalten wir das Differentialgleichungssystem

$$p_n'(t) = \big(\lambda(n-1)+k\big)p_{n-1}(t)+\mu(n+1)p_{n+1}(t)-(\lambda n+k+\mu n)p_n(t)$$

und

$$p_0'(t) = \mu p_1(t) - k p_0(t).$$

Wir führen nun wieder die erzeugende Funktion

$$f(s, t) = \sum_{n=0}^{\infty} p_n(t)s^n \quad \text{mit}$$

$$\frac{\partial f}{\partial t} = \sum_{n=0}^{\infty} p_n'(t)s^n \quad \text{und} \quad \frac{\partial f}{\partial s} = \sum_{n=0}^{\infty} n p_n(t)s^{n-1}$$

ein. Für diese Funktion erhalten wir die partielle Differentialgleichung

$$\frac{\partial f}{\partial t} = \frac{\partial f}{\partial s}(\lambda s - \mu)\,(s-1) + k(s-1)f. \tag{4.1}$$

Wir lösen diese Gleichung nach der Charakteristikenmethode und erhalten die drei Hilfsgleichungen

$$\frac{\mathrm{d}t}{\mathrm{d}x} = 1 \tag{a}$$

$$\frac{\mathrm{d}s}{\mathrm{d}x} = -(\lambda s - \mu)\,(s-1) \tag{b}$$

$$\frac{\mathrm{d}f}{\mathrm{d}x} = k(s-1)f \tag{c}$$

und gewinnen die allgemeine Lösung von (4.1), indem wir aus der Gleichung (a) $t = x$, aus der Gleichung (b) bzw. (c) jeweils eine Integrationskonstante c_1 bzw. c_2 berechnen. Aus $c_2 = w(c_1)$, wobei w eine beliebige zweimal stetig differenzierbare Funktion sein soll, ergibt sich die allgemeine Lösung der Gleichung (4.1). Unsere Anfangsbedingung sei $p_n(0) = \delta_{no}$, also $f(s, 0) = 1$.
Wir behandeln nun getrennt die Fälle $\lambda \neq \mu$ und $\lambda = \mu$.

a) $\lambda \neq \mu$

Wir erhalten aus der Gleichung (b)

$$c_1 = \frac{\lambda s - \mu}{\lambda(s-1)}\, \mathrm{e}^{-(\lambda - \mu)t}$$

und aus der Gleichung (c)

$$c_2 = f(\lambda s - \mu)^{k/\lambda}.$$

Wenn wir $c_2 = w(c_1)$ bilden und die Anfangsbedingung einführen, erhalten wir

$$f(s, t) = (\lambda - \mu)^{k/\lambda}\left(\frac{\mathrm{e}^{-(\lambda - \mu)t}}{\lambda - \mu\mathrm{e}^{-(\lambda-\mu)t} - \lambda s(1 - \mathrm{e}^{-(\lambda-\mu)t})}\right)^{k/\lambda}.$$

Kendall [20] gibt die Lösung in der Form

$$f(s, t) = \left(\frac{\lambda - \mu}{\lambda e - \mu}\right)^{k/\lambda}\left(1 - s\frac{\lambda(e-1)}{\lambda e - \mu}\right)^{-k/\lambda}.$$

b) $\lambda = \mu$

Für $\lambda = \mu$ erhalten wir auf ähnliche Weise

$$f(s, t) = (1 + \lambda t)^{k/\lambda}\left(1 - \frac{\lambda t s}{1 + \lambda t}\right)^{-k/\lambda}.$$

48

Eine geschlossene Darstellung der Reihenentwicklung nach Potenzen von s ist nur für Spezialfälle möglich. Wir können aber den Erwartungswert berechnen. Dieser ist

$$E(X_t) = \frac{k}{\lambda - \mu} \, (e^{(\lambda - \mu)t} - 1) \quad \text{für } \lambda \neq \mu$$

$$= kt \qquad\qquad\qquad \text{für } \lambda = \mu.$$

Falls $\lambda < \mu$, können wir die Grenzwerte für t gegen Unendlich bestimmen und erhalten für die erzeugende Funktion der p_n

$$\lim_{t \to \infty} f(s, t) = F(s) = \left(1 - \frac{\lambda}{\mu}\right)^{k/\lambda} \left(1 - \frac{\lambda s}{\mu}\right)^{-k/\lambda}$$

und daraus

$$\lim_{t \to \infty} E(X_t) = \frac{k}{\mu - \lambda}.$$

Wir sehen daraus, daß bei diesem Prozeß der Erwartungswert positiv ist, auch wenn die Todesrate μ größer ist als die Geburtenrate λ. Wir wollen noch ein einfaches Beispiel durchrechnen. Es sei

$$\lambda = 1, \quad k = 1 \quad \text{und} \quad \mu = 2.$$

Jetzt erhalten wir aus der Reihenentwicklung der erzeugenden Funktion

$$p_n(t) = \frac{(1 - e^{-t})^n}{n(2 - e^{-t})^{n+1}}$$

und für die Grenzwerte

$$p_n = \frac{1}{n2^{n+1}} \text{ für } \quad n \geqslant 1 \quad \text{und} \quad p_0 = \frac{1}{2}.$$

Der Erwartungswert ist dann $E(X_t) = 1 - e^{-t}$, und sein Grenzwert ist gerade gleich 1.

5. $\lambda_n = \lambda$ und $\mu_n = \mu n$

Es sei nun die Geburtenrate während des ganzen Ablaufs unabhängig von der Zeit und vom Zustand, während die Todesrate unabhängig von der Zeit, aber proportional zum Zustand E_n ist. In diesem Fall erhalten wir das Differentialgleichungssystem

$$p_n'(t) = \lambda p_{n-1}(t) + (n+1)\mu p_{n+1}(t) - (\lambda + \mu n)p_n(t) \quad \text{für } n \geqslant 1$$

und

$$p_0'(t) = \mu p_1(t) - \lambda p_0(t).$$

Die Anfangsbedingung sei $p_n(0) = \delta_{nN}$, d.h. der Prozeß beginnt im Zustand E_N.

Wir führen wieder die erzeugende Funktion $f(s, t)$ ein und erhalten für sie die partielle Differentialgleichung

$$\frac{\partial f}{\partial t} = -\mu(s-1)\frac{\partial f}{\partial s} + \lambda(s-1)f. \qquad (5.1)$$

Die Randbedingung lautet $f(s, 0) = s^N$.

Wir lösen wieder nach der Charakteristikenmethode und erhalten diesmal

$$\frac{\mathrm{d}t}{\mathrm{d}x} = 1,$$

$$\frac{\mathrm{d}s}{\mathrm{d}x} = \mu(s-1)$$

$$\text{und} \quad \frac{\mathrm{d}f}{\mathrm{d}x} = -\lambda(s-1)f.$$

Daraus ergibt sich wie im vorigen Abschnitt

$$\mu t - \ln(s-1) = c_1$$

und

$$\mu \ln(f) + \lambda s = c_2.$$

Aus $c_2 = w(c_1)$ erhalten wir die allgemeine Lösung von (5.1)

$$\mu \ln(f) + \lambda s = w(\mu t - \ln(s-1))$$

und damit

$$f(s, t) = \exp\left[\frac{1}{\mu} w(\mu t - \ln(s-1)) - \lambda s\right].$$

Mit der Randbedingung $f(s, 0) = s^N$ erhalten wir schließlich

$$f(s, t) = (1-(1-s)\mathrm{e}^{-\mu t})^N \exp\left[-\frac{\lambda}{\mu}(1-s)(1-\mathrm{e}^{-\mu t})\right]$$

und aus der Reihenentwicklung

$$p_n(t) = \exp\left(-\frac{\lambda}{\mu}(1-\mathrm{e}^{-\mu t})\right) \sum_{k=0}^{\min(n,N)} \binom{N}{k}\left(\frac{\lambda}{\mu}\right)^{n-k} \frac{\mathrm{e}^{-\mu t k}(1-\mathrm{e}^{-\mu t})^{N+n-2k}}{(N-k)!}$$

für $n = 0, 1, 2, \ldots$

Vor allem gilt

$$E(X_t) = \frac{\lambda}{\mu}(1-\mathrm{e}^{-\mu t}) + N\mathrm{e}^{-\mu t}$$

und

$$D^2(X_t) = (1-e^{-\mu t})\left(\frac{\lambda}{\mu}+Ne^{-\mu t}\right).$$

Diese Formeln hat bereits 1943 *Palm* [13] angegeben.
Im Sonderfall $N = 0$ erhalten wir

$$p_n(t) = \exp\left(-\frac{\lambda}{\mu}(1-e^{-\mu t})\right)\frac{\left(\frac{\lambda}{\mu}(1-e^{-\mu t})\right)^n}{n!}$$

für $n = 0, 1, 2, \ldots$, und insbesondere ergibt sich

$$E(X_t) = \frac{\lambda}{\mu}(1-e^{-\mu t})$$

und

$$D^2(X_t) = \frac{\lambda}{\mu}(1-e^{-\mu t}).$$

Die $p_n(t)$ besitzen also eine *Poissonsche Verteilung* mit dem Mittelwert und der Streuung $\frac{\lambda}{\mu}(1-e^{-\mu t})$.

Die Grenzwerte für t gegen Unendlich sind

$$\lim_{t\to\infty} p_n(t) = p_n = \frac{\left(\frac{\lambda}{\mu}\right)^n}{n!}e^{-\frac{\lambda}{\mu}}$$

für $n = 0, 1, 2, \ldots$. Dies entspricht einer Poissonschen Verteilung mit dem Mittelwert und der Streuung $\frac{\lambda}{\mu}$. Wir sehen, daß sowohl die $p_n(t)$ als auch ihre Grenzwerte eine echte Wahrscheinlichkeitsverteilung darstellen, denn es gilt

$$\sum_n p_n(t) = 1 \quad \text{und} \quad \sum_n p_n = 1.$$

6. $\lambda_n = \lambda$ und $\mu_n = \mu$

Hier sind sowohl die Geburten- als auch die Todesraten unabhängig von der Zeit und vom Zustand des Systems. Lediglich im Zustand E_0 müssen wir die Todesrate, wie seither immer, verschwinden lassen, da sonst Übergänge nach E_{-1} auftreten würden. Wir setzen also $\mu_0 = 0$. Unser Differentialgleichungssystem erhält damit die Form

$$p_n'(t) = \lambda p_{n-1}(t)+\mu p_{n+1}(t)-(\lambda+\mu)p_n(t) \quad \text{für } n \geqslant 1$$

und

$$p_0'(t) = \mu p_1(t) - \lambda p_0(t).$$

Ledermann und *Reuter* [16] haben sowohl für $\lambda_0 = \lambda > 0$ als auch für $\lambda_0 = 0$ und $\lambda_n = \lambda$ für $n \geqslant 1$ Lösungen mit einer anderen Methode hergeleitet. Wir wollen hier lediglich die Grenzwerte für t gegen Unendlich berechnen.

Dazu zeigen wir zuerst für den allgemeinen Geburts- und Todesprozeß mit den Koeffizienten λ_n und μ_n, daß die Grenzwerte das Differentialgleichungssystem (1) mit den linken Seiten gleich Null erfüllen. Wir schreiben dazu die Chapman-Kolmogoroffsche Gleichung in der Form

$$p_{ij}(t+\mathrm{d}t) = \sum_k p_{ik}(t)p_{kj}(\mathrm{d}t).$$

Wenn die Grenzwerte der $p_{ij}(t)$ existieren, können wir auf beiden Seiten den Grenzübergang für t gegen Unendlich durchführen. Dabei berücksichtigen wir jetzt, daß für den allgemeinen Geburts- und Todesprozeß

$$p_{kj}(\mathrm{d}t) = \begin{cases} \lambda_k\,\mathrm{d}t + \mathrm{o}(\mathrm{d}t) & \text{für } j = k+1, \\ \mu_k\,\mathrm{d}t + \mathrm{o}(\mathrm{d}t) & \text{für } j = k-1, \\ (1-(\lambda_k+\mu_k)\,\mathrm{d}t)+\mathrm{o}(\mathrm{d}t) & \text{für } j = k \text{ und} \\ \mathrm{o}(\mathrm{d}t) & \text{für alle übrigen Werte} \end{cases}$$

gilt. Dann erhalten wir nach dem Grenzübergang von $\mathrm{d}t$ gegen Null die Gleichung

$$p_j = (1-(\lambda_j+\mu_j))p_j + \lambda_{j-1}p_{j-1} + \mu_{j+1}p_{j+1},$$

und wir sehen, daß dies das Gleichungssystem (1) mit den linken Seiten gleich Null darstellt. Für die Berechnung der Grenzwerte brauchen wir also nur, falls sie existieren, $p_n' = 0$ zu setzen. Für unser obiges Beispiel ergibt dies

$$0 = \lambda p_{n-1} + \mu p_{n+1} - (\lambda+\mu)p_n \quad \text{für } n \geqslant 1$$

und

$$0 = \mu p_1 - \lambda p_0.$$

Wir können die Grenzwerte jetzt sukzessive berechnen und erhalten

$$p_n = \left(\frac{\lambda}{\mu}\right)^n p_0$$

und aus

$$\sum_{n=0}^{\infty} p_n = p_0 + \sum_{n=1}^{\infty} p_n = p_0 + p_0 \sum_{n=1}^{\infty}\left(\frac{\lambda}{\mu}\right)^n = 1$$

erhalten wir

$$p_0 = 1 - \frac{\lambda}{\mu}$$

und

$$p_n = \left(1 - \frac{\lambda}{\mu}\right)\left(\frac{\lambda}{\mu}\right)^n.$$

Wir betonen nochmals, daß wir dabei $\lambda < \mu$ vorausgesetzt haben. Für $\lambda \geqslant \mu$ würde keine Grenzverteilung existieren.

7. Koeffizienten mit quadratischen Gliedern

Wir betrachten nun einen Prozeß, bei dem die Übergangswahrscheinlichkeiten für kleine Zeitabschnitte auch noch quadratische Glieder von n enthalten. Sie sollen jedoch unabhängig von der Zeit sein, so daß wir einen homogenen Prozeß erhalten.

Für die λ_n und μ_n können wir zwei verschiedene Ansätze machen. Die erste Möglichkeit ist, daß wir

$$\lambda_n = an - bn^2 \quad \text{und} \quad \mu_n = cn - dn^2$$

setzen. Man sieht, daß sich X_t nur im Intervall

$$0 \leqslant X_t \leqslant \min\left(\frac{a}{b}, \frac{c}{d}\right)$$

bewegen kann, da sonst die Geburts- oder Todesraten negative Werte annehmen würden. Natürlich muß auch für den Anfangswert $0 \leqslant$

$\leqslant N \leqslant \min\left(\frac{a}{b}, \frac{c}{d}\right)$ gelten. Hier ist Absorption im Zustand E_0 möglich, da ja $\lambda_0 = 0$ ist und $\mu_1 = c - d > 0$ sein soll.

Die zweite Möglichkeit besteht darin, daß wir

$$\lambda_n = an(N_2 - n) \quad \text{und} \quad \mu_n = bn(n - N_1)$$

mit $0 \leqslant N_1 < N_2$ setzen. Wir sehen, daß sich unsere zufällige Veränderliche X_t nur zwischen N_1 und N_2 bewegen kann, da bei Annäherung an N_1 die Todesrate μ_n und bei Annäherung an N_2 die Geburtenrate λ_n gegen Null sinkt. Der Anfangswert muß natürlich auch zwischen N_1 und N_2 liegen.

Wir wollen nun den ersten Ansatz behandeln. Dabei erhalten wir das Differentialgleichungssystem

$$p_n'(t) = -\big(n(a+c) - n^2(b+d)\big)p_n(t) + \big((n+1)c - (n+1)^2 d\big)p_{n+1}(t)$$

$$+ \big((n-1)a - (n-1)^2 b\big)p_{n-1}(t). \tag{7.1}$$

Es sei nun $A = \dfrac{a}{b} < \dfrac{c}{d}$ und somit $0 \leqslant n \leqslant A$.

Wir können für die erzeugende Funktion $f(s, t)$ die partielle Differentialgleichung

$$\frac{\partial f}{\partial t} = [s(b+d) - s(a+c) + s^2(a-b) + (c-d)] \frac{\partial f}{\partial s}$$

$$+ [-ds + s^2(b+d) - s^3 b] \frac{\partial^2 f}{\partial s^2}$$

herleiten. Eine allgemeine Lösung dieser Differentialgleichung ist nicht
bekannt, jedoch lässt sich für gegebene Werte a, b, c und d die Grenzfunktion $F(s)$ für t gegen Unendlich berechnen. Diese dürfte sich jedoch
nur in ganz speziellen Fällen nach Potenzen von s entwickeln lassen.
Wir wollen hier lediglich eine Abschätzung für den Erwartungswert
angeben. Wenn wir die Gleichungen (7.1) mit n multiplizieren und
summieren, erhalten wir

$$\sum_{n=0}^{A} np_n'(t) = -(a+c) \sum_{n=0}^{A} n^2 p_n(t) + (b+d) \sum_{n=0}^{A} n^3 p_n(t)$$

$$+ c \sum_{n=0}^{A} n(n+1) p_{n+1}(t) - d \sum_{n=0}^{A} n(n+1)^2 p_{n+1}(t)$$

$$+ a \sum_{n=0}^{A} (n-1) n p_{n-1}(t) - b \sum_{n=0}^{A} n(n-1)^2 p_{n-1}(t)$$

und daraus nach einigen Umformungen

$$E'(X_t) = (a-c) E(X_t) - (b - d) M_2(t),$$

wobei $M_2(t) = \sum n^2 p_n(t)$ ist. Nun gilt nach der Liapunoffschen Ungleichung für die absoluten Momente

$$B_k^{\frac{1}{k}} \leqslant B_{k+1}^{\frac{1}{k+1}}$$

und somit

$$\sum |n| p_n(t) \leqslant \left(\sum |n^2| p_n(t) \right)^{1/2},$$

und da $n \geqslant 0$ ist, ergibt sich

$$\left(\sum n p_n(t) \right)^2 \leqslant \sum n^2 p_n(t).$$

Wir erhalten damit

$$E'(X_t) \leqslant (a-c) E(X_t) - (b-d) E^2(X_t).$$

Wenn wir dies mit dem Wert vergleichen, den wir aus der determin in
stischen Betrachtung erhalten werden, so sehen wir, daß in unserem Fall

der Erwartungswert kleiner wird. Die statistischen Schwankungen wirken sich also eher dahingehend aus, daß die zufällige Veränderliche X_t kleinere Werte annimmt.

Wir wollen nun die zweite Möglichkeit behandeln. Mit diesen Koeffizienten erhalten wir das Differentialgleichungssystem

$$p_n'(t) = a(n-1)(N_2-n+1)p_{n-1}(t)+b(n+1)(n+1-N_1)p_{n+1}(t)$$
$$-\big(an(N_2-n)+bn(n-N_1)\big)p_n(t) \quad \text{für } N_1 \leqslant n \leqslant N_2.$$

Wenn wir die erzeugende Funktion $f(s, t)$ einführen, erhalten wir

$$\frac{\partial f}{\partial t} = b(1-s)\frac{\partial}{\partial s}\left(s\frac{\partial f}{\partial s}-N_1 f\right)-a(1-s)s\frac{\partial}{\partial s}\left(N_2 f-s\frac{\partial f}{\partial s}\right).$$

Die Randbedingung ist $f(s, 0) = s^N$.

Für diese Gleichung ist keine allgemeine Lösung bekannt, jedoch existieren nach Satz 5 die Grenzwerte und damit auch die Grenzfunktion $F(s)$ der erzeugenden Funktion $f(s, t)$. $F(s)$ ist dann die erzeugende Funktion der Grenzverteilung, und wir erhalten daraus die p_n. Die Differentialgleichung für $F(s)$ ist

$$b\frac{d}{ds}\left(s\frac{dF}{ds}-N_1 F\right) = as\frac{d}{ds}\left(N_2 F-s\frac{dF}{ds}\right).$$

Wenn wir mit den üblichen Methoden auflösen und nach Potenzen von s entwickeln, ergibt sich

$$p_{N_1+m} = \frac{C}{N_1+m}\binom{N_2-N_1}{m}a^m b^{(N_2-N_1)-m},$$

wobei sich C aus der Bedingung

$$\sum_{n=N_1}^{N_2} p_n = 1$$

ergibt.

Einen interessanten Grenzfall erhalten wir, wenn wir $N_2 \to \infty$ und $a \to 0$ gehen lassen, so daß $aN_2 = \lambda_0$ ist. Weiterhin setzen wir $N_1 = 1$ und $b = \mu_0$. Damit erhalten wir einen Prozeß mit $\lambda_n = \lambda_0$ und $\mu_n = \mu_0(n-1)$.

Die zufällige Veränderliche X_t kann dann alle positiven ganzen Zahlen annehmen, und wir erhalten

$$p_n = (e^x-1)\frac{x^n}{n!}$$

für $n = 1, 2, 3, \ldots$. Dies ist eine etwas abgeänderte Poissonsche Verteilung. Der Erwartungswert dieser Verteilung ist

$$E(X_t) = \sum_{n=1}^{\infty} n p_n = \frac{x}{1-e^{-x}},$$

wobei wir beidesmal die Abkürzung $x = \dfrac{\lambda_0}{\mu_0}$ benützt haben.

Aus der deterministischen Betrachtungsweise, die wir später durchführen wollen, werden wir als Grenzwert der Bevölkerungsgröße für t gegen Unendlich

$$\frac{aN_2 + bN_1}{a+b} = 1+x$$

erhalten, und es zeigt sich wieder, daß $\dfrac{x}{1-e^{-x}} < 1+x$ ist.

Auch in diesem Fall wird der Erwartungswert durch die statistischen Schwankungen kleiner als das Ergebnis bei der deterministischen Betrachtungsweise.

Wir geben hier noch zwei einfache Zahlenbeispiele.

1. Beispiel: $N_1 = 1$, $N_2 = 6$ und $a = b = 1$. Damit erhalten wir die Koeffizienten $\lambda_n = n(6-n)$ und $\mu_n = n(n-1)$ und die Lösung

$$p_{1+m} = \frac{C}{1+m} \binom{5}{m}$$

Als Zahlenwerte ergeben sich

$$p_1 = \frac{6}{63} = 0,0952 \qquad p_3 = \frac{20}{63} = 0,3175 \qquad p_5 = \frac{6}{63} = 0,0952$$

$$p_2 = \frac{15}{63} = 0,2381 \qquad p_4 = \frac{15}{63} = 0,2381 \qquad p_6 = \frac{1}{63} = 0,0159.$$

2. Beispiel: $N_1 = 2$, $N_2 = 6$, $a = 3$ und $b = 2$. Damit erhalten wir die Koeffizienten $\lambda_n = 3n(6-n)$ und $\mu_n = 2n(n-2)$ und als Lösung

$$p_{2+m} = \frac{C}{2+m} \binom{4}{m} 3^m 2^{4-m}.$$

Die Zahlenwerte sind

$$p_2 = 0,0531 \qquad\qquad p_4 = 0,3583 \qquad\qquad p_6 = 0,0896$$

$$p_3 = 0,2123 \qquad\qquad p_5 = 0,2867$$

8. Nachweis der Existenz und Eindeutigkeit der Lösungen

Wir wollen nun nachweisen, daß die im vorigen Abschnitt behandelten Prozesse sowohl die Bedingungen des Satzes 1 als auch die Bedingung des Satzes 2 erfüllen.

Wir wenden zunächst das im Satz 3 gegebene Kriterium für die absolute Exponierbarkeit auf unseren Prozeß mit $\lambda_n = \lambda$ und $\mu_n = \mu$ aus II, 6 an. Wir müssen lediglich nachweisen, daß die Zeilensummen von $A(t)$ gleichmässig beschränkt sind, d.h. daß $\sum_j |A_{ij}| \leqslant M < \infty$ für alle i gilt, wobei M eine Konstante ist.

Die Elemente unserer Matrix $A(t)$ für diesen Prozeß sind

$$A_{i,i} = -(\lambda+\mu), \quad A_{i,i+1} = \lambda, \quad A_{i,i-1} = \mu \quad \text{und} \quad A_{i,j} = 0$$

für alle übrigen Werte von i, j. Somit gilt also

$$\sum_j |A_{ij}| = \mu+(\lambda+\mu)+\lambda = 2(\lambda+\mu) = M < \infty$$

für alle i. Damit ist die Bedingung des Satzes 3 erfüllt. Außerdem erfüllen alle Prozesse mit endlich vielen Zuständen die Bedingungen des Satzes 3. Dazu gehören die Prozesse aus II,7 und einige Prozesse, die wir in den Anwendungen behandeln werden. Für die anderen Prozesse benützen wir das Kriterium in Satz 4. Wir müssen also nachweisen, daß die Bedingungen

$$A_{ij} = A(i,j)\Delta(0 \leqslant j \leqslant i+l) \tag{1}$$

und

$$\sum_j |A_{ij}| \leqslant f(t)i \quad \text{für alle } i \geqslant 1 \tag{2}$$

erfüllt sind. Wir zeigen dies zuerst für die Koeffizienten $\lambda_n = \lambda n+k$ und $\mu_n = \mu n$. Mit diesen Koeffizienten erhalten wir die Matrix $A(t)$ mit den Elementen

$$A_{i,i} = -\left(\lambda+\frac{k}{i}+\mu\right)i,$$

$$A_{i,i+1} = \lambda i+k,$$

$$A_{i,i-1} = \mu i \quad \text{und}$$

$$A_{i,j} = 0 \quad \text{für} \quad |i-j| > 1.$$

Die Bedingung (1) gilt mit $l = 1$. Die Bedingung (2) gilt in der Form

$$\sum_j |A_{i,j}| = \mu i+\left(\lambda+\frac{k}{i}+\mu\right)i+\lambda i = 2(\lambda+\mu)i+k$$

$$\leqslant 2(\lambda+\mu+k)i = f(t)i \quad \text{für alle } i \geqslant 1.$$

Dabei ist $f(t) = 2(\lambda+\mu+k) = \text{const.}$

Die beiden anderen Prozesse mit $\lambda_n = \lambda n$, $\mu_n = \mu n$ und $\lambda_n = \lambda$, $\mu_n = \mu n$ sind im vorhergehenden als Sonderfälle enthalten.

Zum Nachweis der Gültigkeit des Gleichheitszeichens in der Bedingung $\sum\limits_{j} p_{ij}(t) = 1$ zeigen wir, daß unsere Prozesse die Forderung des Satzes 2 in der Form der Divergenz der Reihe

$$\sum_{n=0}^{\infty} \frac{1}{\bar{q}_n}$$

erfüllen. Für unsere Geburts- und Todesprozesse ist $\bar{q}_n$ gegeben durch $\lambda_n + \mu_n$.

Es sei jetzt $\lambda_n = \lambda n + k$ und $\mu_n = \mu n$.
Dann gilt

$$\sum_{n=0}^{\infty} \frac{1}{\bar{q}_n} = \sum_{n=0}^{\infty} \frac{1}{\lambda n + k + \mu n} = \frac{1}{k} + \sum_{n=1}^{\infty} \frac{1}{(\lambda + \mu)n + k}$$

$$\geq \frac{1}{k} + \sum_{n=1}^{\infty} \frac{1}{(\lambda + \mu + k)n},$$

und diese Reize divergiert. Damit ist also die Forderung des Satzes 2 erfüllt. Im obigen sind als Sonderfälle wieder die Prozesse aus II,3 und II,5 enthalten.

Nun müssen wir noch die Gültigkeit des Gleichheitszeichens für den Prozeß mit $\lambda_n = \lambda$ und $\mu_n = \mu$ nachweisen. Für diesen Prozeß gilt

$$\sum_{n=0}^{\infty} \frac{1}{\bar{q}_n} = \sum_{n=0}^{\infty} \frac{1}{\lambda + \mu},$$

und diese Reihe divergiert. Damit haben wir für alle Prozesse die Existenz und Eindeutigkeit der Lösungen und die Gültigkeit des Gleichheitszeichens in der Bedingung (II) nachgewiesen. Die Bedingung (II) ist insbesondere auch für alle Prozesse mit endlich vielen Zuständen erfüllt.

III. Anwendungen

1. Bevölkerungsentwicklungen

Wir wollen jetzt die Ergebnisse des Teils II auf die Entwicklung von Bevölkerungen anwenden. Wenn unser System zur Zeit t im Zustand E_n ist, so bedeute dies, daß die Größe der Bevölkerung zur Zeit t gerade n sei. Die Größe der Bevölkerung zur Zeit $t = 0$ sei jeweils gegeben und sei gleich N. Nun werden wir verschiedene Forderungen für die Geburts- und Todeswahrscheinlichkeiten der einzelnen Bevölkerungsglieder einführen und zeigen, daß wir damit zu den oben hergeleiteten Differentialgleichungssystemen geführt werden. Wir werden dabei auch einige Spezialfälle untersuchen.

1.1 Reine Geburtenprozesse

Wir sehen zunächst von jeder Todesmöglichkeit ab. Für unseren Prozeß stellen wir folgende Forderung auf:

Forderung 1:

Jedes Glied der Bevölkerung hat die Wahrscheinlichkeit $\lambda dt + o(dt)$, sich während der Zeit dt zu teilen, also ein neues Glied hervorzubringen. Diese Wahrscheinlichkeit sei unabhängig von der Anzahl der bereits vorhandenen Glieder und unabhängig von der Zeit (also auch unabhängig vom Alter des Gliedes und von der Dauer des Prozesses).

Falls nun die Bevölkerung zur Zeit t gerade aus n Gliedern besteht, ist die Wahrscheinlichkeit, daß im Intervall $(t, t+dt)$ eine Geburt erfolgt, gleich $n\lambda dt + o(dt)$, da jedes Glied mit dem Anteil $\lambda dt + o(dt)$ dazu beiträgt und diese Beiträge voneinander unabhängig sind. Wir haben also einen Prozeß mit $\lambda_n = n\lambda$ und $\mu_n = 0$, da Übergänge von E_n nach E_{n-1} nicht möglich sind. Wir erhalten damit das Differentialgleichungssystem

$$p'_n(t) = -n\lambda p_n(t) + (n-1)\lambda p_{n-1}(t).$$

Die Anfangsgröße der Bevölkerung sei N und unsere Anfangsbedingung lautet demnach

$$p_n(0) = \delta_{nN} = \begin{cases} 1 & \text{für } n = N \\ 0 & \text{für } n \neq N. \end{cases}$$

Wir erhalten als Lösung

$$p_n(t) = \binom{n-1}{n-N} \mathrm{e}^{-N\lambda t}(1-\mathrm{e}^{-\lambda t})^{n-N} \quad \text{für } n \geqslant N$$

und

$$p_n(t) = 0 \quad \text{für } n < N.$$

Dieses Modell wäre anwendbar auf eine Bakterienkolonie, in der sich die einzelnen Glieder mit der Wahrscheinlichkeit $\lambda \mathrm{d}t + \mathrm{o}(\mathrm{d}t)$ im Zeitraum $\mathrm{d}t$ durch Teilung verdoppeln und eine unbegrenzte Vermehrung möglich ist. Es wurde zum ersten Mal 1924 von *Yule* untersucht. Bei ihm bestand die Bevölkerung aus Arten mit einem Gen, und eine Geburt bestand aus der Entstehung einer neuen Art durch Mutation. Dies geschah unter den vereinfachenden Annahmen, daß jede Art die gleiche Wahrscheinlichkeit hat, eine neue Art hervorzubringen und daß keine Art aussterben kann. Man erhält daher nur eine sehr grobe Annäherung an die wirklichen Vorgänge.

Wir können nun unser Postulat abändern und jedem Glied die Vermehrungswahrscheinlichkeit $\lambda(t)\mathrm{d}t + \mathrm{o}(\mathrm{d}t)$ zuordnen. Dabei sei $\lambda(t)$ eine beliebige aber stetige Funktion der Zeit. Dies bedeutet jedoch keine Altersabhängigkeit der Geburtenrate. Alle Glieder, gleich welchen Alters, haben zur Zeit t_0 die Geburtenrate $\lambda(t_0)$. Wir haben damit einen Sonderfall des Prozesses mit zeitabhängigen Koeffizienten, und die Ergebnisse lassen sich leicht aus II,2 übertragen. Wir setzen nämlich $\lambda_n(t) = \lambda(t)n$ und $\mu_n(t) = 0$ für alle n und t. Damit erhalten wir das Differentialgleichungssystem

$$p_n'(t) = (n-1)\lambda(t)p_{n-1}(t) - n\lambda(t)p_n(t)$$

und als Lösung für die Anfangsbedingung $p_n(0) = \delta_{n1}$

$$p_n(t) = (1-u)(1-v)v^{n-1}.$$

Dabei sind

$$u = 1 - \frac{\mathrm{e}^{-r}}{W} \quad \text{und} \quad v = 1 - \frac{1}{W},$$

wobei jetzt

$$r(t) = \int_0^t -\lambda(\tau)\mathrm{d}\tau \quad \text{und} \quad W = \mathrm{e}^{-r(t)} \text{ ist.}$$

Daraus erhalten wir

$$u = 0 \quad \text{und} \quad v = 1 - \mathrm{e}^{r(t)}$$

und somit

$$p_n(t) = e^{r(t)}(1 - e^{r(t)})^{n-1}.$$

Man prüft leicht nach, daß auch in diesem Fall $\sum\limits_{n=0}^{\infty} p_n(t) = 1$ gilt.

Dieses Modell erlaubt uns, periodische Einflüsse oder allgemein zeitlich veränderliche Einflüsse auf die Vermehrungswahrscheinlichkeiten zu berücksichtigen.

Eine andere Abänderung unseres Postulates besteht darin, daß wir die Vermehrungswahrscheinlichkeit von der Zahl der bereits vorhandenen Glieder abhängig machen. Wir setzen etwa $\dfrac{\lambda_n}{n}\,dt + o(dt)$ als Vermehrungswahrscheinlichkeit des einzelnen Gliedes fest, so daß die Vermehrungswahrscheinlichkeit der Gesamtheit, wenn sie aus n Gliedern besteht, gerade gleich $\lambda_n dt + o(dt)$ ist. Damit erhalten wir das Differentialgleichungssystem für den allgemeinen homogenen Geburtenprozeß

$$p_n'(t) = \lambda_{n-1} p_{n-1}(t) - \lambda_n p_n(t).$$

Im allgemeinen ist die Lösung keine echte Wahrscheinlichkeitsverteilung, d.h. es gilt nicht immer $\sum\limits_{n} p_n(t) = 1$.

Falls jedoch entweder nur endlich viele $\lambda_n \neq 0$ sind oder falls die Summe

$$\sum_{n=0}^{\infty} \frac{1}{\lambda_n}$$

divergiert, ist die Bedingung unseres Satzes 2 aus Teil II erfüllt, und es gilt dann $\sum\limits_{n} p_n(t) = 1$ für alle t, und die allgemeine Lösung ist von der Form

$$p_n(t) = (-1)^{n-N} p_N p_{N+1} \cdots p_{n-1}$$

$$\sum_{k=N}^{n} \frac{e^{-\lambda_k t}}{(\lambda_k - \lambda_N)(\lambda_k - \lambda_{N+1}) \cdots (\lambda_k - \lambda_{k-1})(\lambda_k - \lambda_{k+1}) \cdots (\lambda_k - \lambda_n)}$$

für $n \geqslant N$ und $p_n(t) = 0$ für $n < N$.

Dabei war die Anfangsgröße der Bevölkerung N. Die vorher angegebene Bedingung für die Gültigkeit des Gleichheitszeichens wurde zum erstenmal von *Feller* und *Lundberg* angegeben und wird nach ihnen benannt. Falls $\sum p_n(t) < 1$ ist, können wir dies deuten, indem wir annehmen, daß in endlicher Zeit derartig viele Geburten erfolgen, daß die Bevölkerungszahl lawinenähnlich anwächst und über jede Grenze steigt.

1.2 Einfache Geburts- und Todesprozesse

Wir lassen jetzt die Möglichkeit des Todes der Bevölkerungsglieder zu und führen zusätzlich zur Forderung 1 die folgende Forderung ein:

Forderung 2:

Jedes Glied der Bevölkerung hat die Wahrscheinlichkeit $\mu dt + o(dt)$ im Zeitraum dt zu sterben. Diese Wahrscheinlichkeit sei unabhängig von der Anzahl der bereits vorhandenen Glieder und unabhängig von der Zeit (also unabhängig vom Alter des Gliedes und von der Dauer des Prozesses).

Falls zur Zeit t die Bevölkerung gerade aus n Gliedern besteht, ist die Wahrscheinlichkeit, daß im Zeitintervall $(t, t+dt)$ eine Geburt stattfindet, $n\lambda dt + o(dt)$ und daß im Zeitraum $(t, t+dt)$ ein Todesfall eintritt, $n\mu dt + o(dt)$.

Wir erhalten damit einen Geburts- und Todesprozeß mit den Koeffizienten $\lambda_n = n\lambda$ und $\mu_n = n\mu$.

Damit können wir alle Ergebnisse aus II,3 anwenden. Wir erhalten für die Anfangsgröße $N = 1$

$$p_n(t) = (1-u)(1-v)v^{n-1} \quad \text{und} \quad p_0(t) = u,$$

wobei

$$\frac{u}{\mu} = \frac{v}{\lambda} = \frac{e^{(\lambda-\mu)t}-1}{\lambda e^{(\lambda-\mu)t}-\mu} \quad \text{ist.}$$

Insbesondere ist

$$E(X_t) = e^{(\lambda-\mu)t}$$

und

$$D^2(X_t) = \frac{\lambda+\mu}{\lambda-\mu}\, e^{2(\lambda-\mu)t}(1-e^{-(\lambda-\mu)t}).$$

Wir sehen, daß die Streuung um den Faktor $\dfrac{\lambda+\mu}{\lambda-\mu}$ größer wird als im Falle des reinen Geburtenprozesses, falls wir dort als Geburtenrate die Differenz zwischen Geburten- und Todesrate einsetzen, denn dort ist $D^2(X_t) = e^{2\lambda t}(1-e^{-\lambda t})$. Die Möglichkeit des Todes der Bevölkerungsglieder wirkt sich also dahingehend aus, daß die Streuung größer wird. Für die Wahrscheinlichkeit des *Aussterbens der Bevölkerung* bei der allgemeinen Anfangsbedingung $p_n(0) = \delta_{nN}$ mit $N \geqslant 1$ erhalten wir

$$\lim_{t\to\infty} p_0(t) = \begin{cases} 1 & \text{für } \lambda \leqslant \mu \\[2mm] \left(\dfrac{\mu}{\lambda}\right)^N & \text{für } \lambda \geqslant \mu. \end{cases}$$

Diese Ergebnisse hat *Lotka* 1931 auf das *Aussterben von Familiennamen* angewandt und für die Bevölkerung der USA den Wert $\lim p_0(t) = 0{,}894$ erhalten.

Falls $\lambda < \mu$ ist, erhalten wir für die mittlere Lebensdauer des Prozesses

$$T_m = \frac{1}{\mu - \lambda} \cdot \ln\left(\frac{2^{1/N}\mu - \lambda}{(2^{1/N}-1)\mu}\right).$$

Davon zu unterscheiden ist die *Lebensdauer eines einzelnen Bevölkerungsgliedes.* Im Falle der reinen Geburtenprozesse lebt jedes Glied für immer. Jetzt ist jedoch die Lebensdauer eine neue zufällige Veränderliche, und wir bezeichnen sie mit Y. Aus der Forderung 2 können wir die Wahrscheinlichkeitsverteilung und die Dichte von Y herleiten. Ein Glied werde zur Zeit t_0 geboren. Es lebe noch zur Zeit t_0+t, die Wahrscheinlichkeit dafür ist $P(Y > t_0+t) = 1 - P(Y \leqslant t_0+t)$. Wir schreiben abkürzend für $P(Y \leqslant t_0+t) = w(t_0+t)$. Nun ist nach Forderung 2 die Wahrscheinlichkeit, daß es im Intervall $(t_0+t, t_0+t+\mathrm{d}t)$ stirbt, gerade $\mu\mathrm{d}t + \mathrm{o}(\mathrm{d}t)$. Die Wahrscheinlichkeit, daß es zur Zeit $t_0+t+\mathrm{d}t$ noch lebt, ist also $P(Y > t_0+t+\mathrm{d}t) = 1 - w(t_0+t+\mathrm{d}t)$ und gleich dem Produkt der Wahrscheinlichkeiten, daß es zur Zeit t_0+t noch lebte und daß es im Zeitintervall $(t_0+t, t_0+t+\mathrm{d}t)$ nicht starb — denn nach Forderung 2 sind diese beiden Wahrscheinlichkeiten voneinander unabhängig —, also

$$1 - P(Y \leqslant t_0+t+\mathrm{d}t) = [1 - P(Y \leqslant t_0+t)]\,[1 - \mu\mathrm{d}t + \mathrm{o}(\mathrm{d}t)].$$

Daraus erhalten wir für die Verteilungsfunktion $w(t_0+t)$

$$w(t_0+t+\mathrm{d}t) - w(t_0+t) = \mu\,\mathrm{d}t - w(t_0+t)\mu\,\mathrm{d}t + \mathrm{o}(\mathrm{d}t).$$

Mit der Anfangsbedingung $w(t_0) = 1$ ergibt sich schließlich

$$w(t_0+t) = 1 - \mathrm{e}^{-\mu t}$$

und für die Dichte

$$w'(t_0+t) = \mu\,\mathrm{e}^{-\mu t} \quad \text{für } 0 \leqslant t < \infty.$$

Eine solche Verteilung nennt man eine *Exponentialverteilung.* Nur für diese Verteilung der Lebensdauer ist der Verlauf des Prozesses unabhängig von seiner Vorgeschichte und damit ein Markoffscher Prozeß. Für andere Verteilungen erhält man Prozesse, die nicht mehr die Markoff-Eigenschaft besitzen.

Im Falle $\lambda < \mu$ können wir die Gesamtbevölkerung G_t berechnen und auch hier die Ergebnisse aus II,3 anwenden. Wir zählen also alle Einwohner, die irgendwann gelebt haben, zusammen. Insbesondere erhalten wir für t gegen Unendlich

$$\lim_{t \to \infty} E(G_t) = \frac{\mu}{\mu - \lambda} \quad \text{und} \quad \lim_{t \to \infty} D^2(G_t) = \frac{\lambda\mu\,(\lambda + \mu)}{(\mu - \lambda)^3}.$$

Falls wir jetzt λ und μ von der Zeit t abhängig sein lassen, können wir wieder beliebige zeitliche Einflüsse und in Sonderfällen jahreszeitliche Einflüsse auf das Bevölkerungswachstum berücksichtigen. Wir können dann sämtliche Ergebnisse aus II,2 anwenden.

Wir können aber auch Forderungen einführen, welche die Geburts- und Todesraten der einzelnen Bevölkerungsglieder von der Anzahl der vorhandenen Glieder abhängig machen. Dies ist bei den Ansätzen in II,7 der Fall. Beim ersten Ansatz mit $\lambda_n = an - bn^2$ und $\mu_n = cn - dn^2$ wollen wir, um ein sinnvolles Modell zu erhalten, zunächst annehmen,

daß $\dfrac{a}{b} < \dfrac{c}{d}$ und $c > d$ ist. Für die Anfangsgröße gelte $0 < N \leqslant \dfrac{a}{b}$. Dann

kann X_t zwischen 0 und $\dfrac{a}{b}$ schwanken. Die Geburtenrate des einzelnen

Gliedes ist $a - bn$, nimmt also gegen Null ab, wenn sich X_t dem Wert

$\dfrac{a}{b}$ nähert. Die Todesrate des einzelnen Gliedes ist $c - dn$. Sie ist dauernd,

also auch im Zustand E_1 positiv, so daß ein Aussterben möglich ist. Beim zweiten Ansatz $\lambda_n = an(N_2 - n)$ und $\mu_n = bn(n - N_1)$ mit $N_1 < N_2$ ergibt sich die Geburtenrate eines einzelnen Bevölkerungsgliedes zu $a(N_2 - n)$ und die Todesrate zu $b(n - N_1)$, und man sieht, daß bei Annäherung an N_2 die Geburtenrate und bei Annäherung an N_1 die Todesrate gegen Null sinkt. Damit solch ein Prozeß überhaupt entstehen kann, muß die Anfangsgröße N zwischen N_1 und N_2 liegen. Der Prozeß verläuft dann dauernd zwischen N_1 und N_2 hin und her. Solche Modelle lassen sich zur Beschreibung der Bevölkerungsentwicklung in einem begrenzten Lebensraum, in dem zum Beispiel die obere Grenze der Bevölkerungsgröße durch den Mangel an Nahrung festgelegt ist, anwenden. Ausserdem lassen sich bei geeigneter Abänderung die gegenseitigen Einflüsse zwischen einer Beute- und einer Raubrasse beschreiben.

1.3 Geburts-, Todes- und Einwanderungsprozeß

Wir führen nun zusätzlich zu den Forderungen 1 und 2 aus dem vorigen Abschnitt die folgende Forderung ein:

Forderung 3:

Während der Zeit dt sei die Wahrscheinlichkeit, daß ein Glied in die Bevölkerung von außen her einwandert, $kdt + o(dt)$. Diese Wahrscheinlichkeit sei unabhängig von der Zeit und von der Bevölkerungsgröße. Sobald das Glied eingewandert ist, gelten für es die Forderungen 1 und 2.

Falls unsere Bevölkerung zur Zeit t gerade aus n Gliedern besteht, ist die Wahrscheinlichkeit, daß im Intervall $(t, t + dt)$ ein neues Bevölkerungsglied hinzukommt, $n\lambda\mathrm{d}t+k\mathrm{d}t+\mathrm{o}(\mathrm{d}t)$ und die Wahrscheinlichkeit, daß in diesem Intervall ein Glied stirbt, $n\mu\mathrm{d}t+\mathrm{o}(\mathrm{d}t)$.

Wir erhalten also einen Geburts- und Todesprozeß mit den Koeffizienten $\lambda_n = n\lambda+k$ und $\mu_n = \mu n$ und können sämtliche Ergebnisse aus II,4 anwenden.

Insbesondere ist der Erwartungswert

$$E(X_t) = \begin{cases} \dfrac{k}{\lambda-\mu}\,(\epsilon^{(\lambda-\mu)t}-1) & \text{für } \lambda \neq \mu \\[2ex] kt & \text{für } \lambda = \mu. \end{cases}$$

Falls $\lambda < \mu$ ist, erhalten wir für den Grenzwert des Erwartungswertes für t gegen Unendlich

$$\lim_{t\to\infty} E(X_t) = \frac{k}{\mu-\lambda},$$

während für $\lambda \geqslant \mu$ der Erwartungswert selbst gegen Unendlich strebt. Falls also die Einwanderungsrate k genügend groß ist, bleibt der Erwartungswert der Bevölkerungsgröße positiv, obwohl die Geburtenrate kleiner als die Todesrate ist.

Dieses Modell lässt sich auf verschiedenartige Erscheinungen anwenden. So sei zum Beispiel ein gewisses Volumen zu beobachten. Es sollen sich Teilchen mit der Einwanderungsrate k, die unabhängig von der Zahl der bereits im Volumen vorhandenen Teilchen sein soll, hineinbewegen. Außerdem sollen sich die darin befindlichen Teilchen mit der Rate μ, die proportional der Teilchenzahl sein soll, herausbewegen. Damit erhalten wir einen Geburts-, Todes- und Einwanderungsprozeß, bei dem allerdings die Geburtenrate verschwindet. In praktischen Beispielen wurde dieser Prozeß auf Teilchen in einer kolloidalen Lösung oder auf die Bewegung von Spermatozoen angewandt. Er lässt sich auch auf Menschenansammlungen an Anziehungspunkten anwenden.

2. Telefonverkehr

Wir denken uns eine Telefonzentrale mit unendlich vielen Leitungen gegeben, so daß jeder Teilnehmer eine freie Leitung vorfindet. Wir sagen, unser System befinde sich im Zustand E_n, wenn genau n Leitungen belegt sind. Die Wahrscheinlichkeit, daß unser System zur Zeit t im Zustand E_n ist, sei bei gegebener Anfangsbedingung wieder $P(X_t = n) = p_n(t)$.

Wir führen nun die folgenden Forderungen ein:

Forderung 1:

Während der Zeit dt ist die Wahrscheinlichkeit, daß ein neues Gespräch ankommt, $\lambda dt + o(dt)$. Diese Wahrscheinlichkeit ist unabhängig von der Zeit und unabhängig von der Zahl der bereits belegten Leitungen. Die Wahrscheinlichkeit für das Auftreten von zwei oder mehreren Gesprächen während der Zeit dt ist von der Größenordnung $o(dt)$.

Forderung 2:

Für jedes Gespräch ist die Wahrscheinlichkeit der Beendigung während der Zeit dt gerade $\mu dt + o(dt)$, also unabhängig von der vorhergehenden Gesprächsdauer und von der Zahl der geführten Gespräche.

Werden zur Zeit t gerade n Gespräche geführt, so ist die Wahrscheinlichkeit des Erlöschens eines Gesprächs im Intervall $(t, t+dt)$ gleich $n\mu dt + o(dt)$, während die Wahrscheinlichkeit des Erlöschens von zwei oder mehreren Gesprächen in diesem Intervall von der Größenordnung $o(dt)$ ist.

Wir wollen nun die Bedeutung dieser Forderungen etwas näher betrachten. Zunächst wollen wir den *ankommenden Verkehr*, der durch die Forderung 1 festgelegt ist, untersuchen. Hier handelt es sich um einen stochastischen Prozeß, für den in unserer Schreibweise $\lambda_n = \lambda$ und $\mu_n = 0$ ist. Dies liefert das Differentialgleichungssystem

$$p_n'(t) = -\lambda p_n(t) + \lambda p_{n-1}(t) \quad \text{für } n \geqslant 1$$

und

$$p_0'(t) = -\lambda p_0(t).$$

Daraus erhalten wir $p_0(t) = e^{-\lambda t}$

und

$$p_n(t) = e^{-\lambda t}\frac{(\lambda t)^n}{n!}.$$

Einen solchen Prozeß nennen wir einen *Poissonschen Prozeß*, weil die zufällige Veränderliche X_t für jeden Zeitpunkt t eine Poissonsche Verteilung aufweist. Die ankommenden Gespräche bilden also einen Poissonschen Prozeß mit der Intensität λ.

Wir wollen nun die *Dauer eines Gesprächs*, das zur Zeit t begonnen hat, untersuchen. Für dieses Gespräch ist nach Forderung 2 die Wahrscheinlichkeit, daß es während der Zeit dt endet, $\mu dt + o(dt)$. Wir können wieder die gleichen Überlegungen anstellen wie für die Lebensdauer eines Bevölkerungsgliedes im vorigen Abschnitt. Die Gesprächszeiten sind also ebenfalls exponentiell verteilt. Bei einer anderen Verteilung würden wir keinen Markoffschen Prozeß erhalten. Die Annahme der Exponentialverteilung der Sprechzeiten ist in vielen Anwendungen, vor allem in Ortsnetzen, recht gut erfüllt.

66

Mit unseren Forderungen 1 und 2 erhalten wir nun einen Geburts- und Todesprozeß mit den Koeffizienten $\lambda_n = \lambda$ und $\mu_n = \mu n$ und damit das Differentialgleichungssystem

$$p_0'(t) = \mu p_1(t) - \lambda p_0(t)$$

und
$$p_n'(t) = \lambda p_{n-1}(t) - (\lambda + \mu n) p_n(t) + \mu(n+1) p_{n+1}(t)$$

für $n \geqslant 1$. Somit sind sämtliche Ergebnisse aus II,5 anwendbar. Beim Telefonverkehr interessiert man sich hauptsächlich für die Grenzwerte für t gegen Unendlich. Diese sind unabhängig von den Anfangsbedingungen und ergeben sich zu

$$p_n = \frac{\left(\dfrac{\lambda}{\mu}\right)^n}{n!}\, e^{-\frac{\lambda}{\mu}} \quad \text{für } n \geqslant 0.$$

Wir erhalten also wieder eine Poissonsche Verteilung mit der Intensität $\dfrac{\lambda}{\mu}$.

Palm [13] hat 1943 dasselbe Problem bei veränderlicher Intensität $\lambda(t)$ mit Hilfe von erzeugenden Funktionen behandelt.
Wir wollen nun eine einschränkende Annahme einführen. Die Anzahl unserer Leitungen sei jetzt endlich und gleich a. Falls bereits a Teilnehmer sprechen, also alle Leitungen belegt sind, fällt ein neuer Anruf weg. Wir sagen dann, daß die Zentrale mit Verlust arbeitet. Unser System kann also insgesamt $a+1$ Zustände annehmen.
Für $n = 0, 1, 2, \ldots, a-1$ gelten die Gleichungen wie vorher, während für $n = a$

$$p_a'(t) = \lambda p_{a-1}(t) - \mu a p_a(t)$$

gilt. Wir wollen nun die Grenzwerte der $p_n(t)$ für t gegen Unendlich bestimmen. Diese existieren nach Satz 5, und es gilt für sie das Gleichungssystem (nach der Herleitung auf Seite 52)

$$-\lambda p_0 + \mu p_1 = 0,$$
$$\lambda p_{n-1} - (\lambda + \mu n) p_n + \mu(n+1) p_{n+1} = 0 \quad \text{und}$$
$$\lambda p_{a-1} - \mu a p_a = 0.$$

Daraus erhalten wir

$$p_n = \frac{1}{n!} \left(\frac{\lambda}{\mu}\right)^n p_0 \quad \text{für } n = 1, 2, \ldots, a$$

und aus

$$\sum_{n=0}^{a} p_n = 1$$

ergibt sich

$$p_0 = \frac{1}{\sum\limits_{k=0}^{a} \frac{1}{k!}\left(\frac{\lambda}{\mu}\right)^k}.$$

Damit erhalten wir

$$p_n = \frac{\frac{1}{n!}\left(\frac{\lambda}{\mu}\right)^n}{\sum\limits_{k=0}^{a} \frac{1}{k!}\left(\frac{\lambda}{\mu}\right)^k} \quad \text{für } n = 0, 1, 2, ..., a.$$

Insbesondere ist die Wahrscheinlichkeit, daß alle Leitungen belegt sind,

$$p_a = \frac{\frac{1}{a!}\left(\frac{\lambda}{\mu}\right)^a}{\sum\limits_{k=0}^{a} \frac{1}{k!}\left(\frac{\lambda}{\mu}\right)^k}.$$

Diese Formeln stammen bereits von *Erlang* [9]; die letzte Formel wird als *Erlangsche Verlustformel* bezeichnet.

Die folgende Tabelle gibt die Werte der p_n für verschiedene Annahmen von a und $\frac{\lambda}{\mu}$. Dabei ist dann p_a die Wahrscheinlichkeit, daß ein neu ankommender Anruf keine freie Leitung vorfindet und damit verlorengeht.

n	$a = 5$		$a = 10$	
	$\lambda/\mu = 1$	$\lambda/\mu = 2$	$\lambda/\mu = 1$	$\lambda/\mu = 2$
0	0,36810	0,13761	0,36788	0,13534
1	0,36810	0,27523	0,36788	0,27067
2	0,18405	0,27523	0,18394	0,27067
3	0,06135	0,18349	0,06131	0,18045
4	0,01534	0,09174	0,01533	0,09022
5	0,00307	0,03670	0,00307	0,03609
6			0,00051	0,01203
7			0,00007	0,00344
8			0,00001	0,00086
9			0,00000.	0,00019
10			0,00000.	0,00004

Wir sehen daraus, daß lediglich für den Fall $a = 5$ und $\dfrac{\lambda}{\mu} = 2$ die Wahrscheinlichkeit, bei einem Anruf keine Leitung frei vorzufinden, wesentlich ins Gewicht fällt. In diesem Fall geht im Durchschnitt ungefähr jeder 25. Anruf verloren.

Es sei nun wiederum eine Telefonzentrale mit einer endlichen Anzahl von Leitungen a gegeben, jedoch soll jetzt ein Teilnehmer auf das Freiwerden einer Leitung warten können, falls er zu einer Zeit anruft, in der alle Leitungen belegt sind. Es soll dabei für alle Leitungen eine gemeinsame Warteschlange gebildet werden, und die wartenden Anrufe sollen in der Reihenfolge ihres Eintreffens an die Reihe kommen. Unser System ist im Zustand E_n, wenn genau n Teilnehmer ein Gespräch führen oder warten. Eine Schlange entsteht nur, wenn $n > a$ ist, und die Zahl der Wartenden ist dann gleich $n-a$. Solange noch mindestens eine Leitung frei ist, haben wir genau die gleiche Situation wie im Falle der unendlich vielen Leitungen. Falls aber unser System in einem Zustand E_n mit $n > a$ ist, dann gehen gerade a Gespräche vor sich, und es ist $\mu_n = a\mu$ für $n \geqslant a$.

Wir erhalten also die Differentialgleichungen

$$p_0'(t) = -\lambda p_0(t) + \mu p_1(t),$$

$$p_n'(t) = \lambda p_{n-1}(t) - (\lambda + n\mu)p_n(t) + \mu(n+1)p_{n+1}(t)$$

für $1 \leqslant n \leqslant a-1$ und

$$p_n'(t) = \lambda p_{n-1}(t) - (\lambda + a\mu)p_n(t) + a\mu p_{n+1}(t) \quad \text{für } n \geqslant a.$$

Wenn wir annehmen, daß die Grenzwerte für t gegen Unendlich existieren, erfüllen sie die Gleichungen

$$-\lambda p_0 + \mu p_1 = 0,$$

$$\lambda p_{n-1} - (\lambda + n\mu)p_n + \mu(n+1)p_{n+1} = 0 \quad \text{für } n = 1, 2, \dots, a-1 \text{ und}$$

$$\lambda p_{n-1} - (\lambda + a\mu)p_n + a\mu p_{n+1} = 0 \quad \text{für } n = a, a+1, \dots,$$

und wir erhalten als Lösung

$$p_n = p_0 \frac{\left(\dfrac{\lambda}{\mu}\right)^n}{n!} \qquad \text{für } n \leqslant a$$

und

$$p_n = p_0 \frac{\left(\dfrac{\lambda}{\mu}\right)^n}{a!\,a^{n-a}} \qquad \text{für } n \geqslant a.$$

Dabei muß gelten

$$\frac{1}{p_0} \sum_{n=0}^{\infty} p_n = \sum_{n=0}^{a} \frac{1}{n!} \left(\frac{\lambda}{\mu}\right)^n + \frac{a^a}{a!} \sum_{n=a+1}^{\infty} \left(\frac{\lambda}{a\mu}\right)^n.$$

Ist $\frac{\lambda}{\mu} \geqslant a$, so strebt die rechte Seite gegen Unendlich. In diesem Fall existiert keine Grenzverteilung, denn

$$\frac{1}{p_0} \sum_{n=0}^{\infty} p_n = \infty$$

kann nur gelten, wenn entweder $p_0 \neq 0$ und $\sum p_n = \infty$ oder $p_0 = 0$ ist. Dann aber stellen die p_n keine Wahrscheinlichkeitsverteilung dar, oder es sind alle $p_n = 0$. Falls also $\frac{\lambda}{\mu} \geqslant a$ ist, dann ist die Wahrscheinlichkeit, daß die Zahl der wartenden Gespräche über alle Grenzen steigt, gleich Eins.

Ist $\frac{\lambda}{\mu} < a$, so erhalten wir aus $\sum\limits_{n=0}^{\infty} p_n = 1$

$$p_0 = \frac{1}{\sum\limits_{k=0}^{a} \frac{1}{k!} \left(\frac{\lambda}{\mu}\right)^k + \frac{1}{a!} \frac{1}{a - \lambda/\mu} \left(\frac{\lambda}{\mu}\right)^{a+1}}.$$

Damit ergeben sich für die p_n

$$p_n = \frac{\dfrac{1}{n!} \left(\dfrac{\lambda}{\mu}\right)^n}{\sum\limits_{k=0}^{a} \dfrac{1}{k!} \left(\dfrac{\lambda}{\mu}\right)^k + \dfrac{1}{a!} \dfrac{1}{a - \lambda/\mu} \left(\dfrac{\lambda}{\mu}\right)^{a+1}} \qquad \text{für } n \leqslant a$$

und

$$p_n = \frac{\dfrac{1}{a! \, a^{n-a}} \left(\dfrac{\lambda}{\mu}\right)^n}{\sum\limits_{k=0}^{a} \dfrac{1}{k!} \left(\dfrac{\lambda}{\mu}\right)^k + \dfrac{1}{a!} \dfrac{1}{a - \lambda/\mu} \left(\dfrac{\lambda}{\mu}\right)^{a+1}} \qquad \text{für } n \geqslant a.$$

Wir betrachten nun einen Anruf, der auf das Freiwerden einer Leitung warten muß. Diese *Wartezeit* ist eine neue zufällige Veränderliche, und wir bezeichnen sie mit Z. Es seien also zur Zeit t des Anrufs alle Leitungen belegt, d.h. unser System befinde sich im Zustand E_n mit

$n \geqslant a$. Wir wollen nun $P(Z > z)$ für $z \geqslant 0$ berechnen. Wir begnügen uns hier wieder mit den Grenzwerten für t gegen Unendlich. Da $X_t \geqslant a$ ist zur Zeit t, in welcher der Anruf ankommt, gilt

$$P(Z > z) = \sum_{n=a}^{\infty} p_n \cdot P(Z > z/X_t = n).$$

Für $X_t = n$ und $n > a$ ist die Anzahl der wartenden Gespräche $n-a$. Besteht die Ungleichung $Z > z$, so erlöschen in der Zeit z, gerechnet vom Ankommen des betrachteten Anrufs an, höchstens $n-a$ Anrufe. Die beendeten Gespräche bilden (da ja immer alle Leitungen belegt sein sollen) einen Poissonschen Prozeß mit der Intensität $a\mu$. Damit ist die Wahrscheinlichkeit, daß während der Zeit z r Gespräche enden,

$$e^{-a\mu z} \frac{(a\mu z)^r}{r!}.$$

Die Wahrscheinlichkeit $P(Z > z/X_t = n)$ dafür, daß in der Zeit z höchstens $n-a$ Anrufe erlöschen, ist also

$$P(Z > z/X_t = n) = e^{-a\mu z} \sum_{r=0}^{n-a} \frac{(a\mu z)^r}{r!}.$$

Mit $p_n = p_a \dfrac{1}{a^{n-a}} \left(\dfrac{\lambda}{\mu}\right)^{n-a}$

erhalten wir

$$P(Z > z) = \sum_{n=a}^{\infty} p_n \sum_{r=0}^{n-a} e^{-a\mu z} \frac{(a\mu z)^r}{r!}$$

und nach einigen Umformungen

$$P(Z > z) = \frac{\dfrac{p_0}{a!} \left(\dfrac{\lambda}{\mu}\right)^a e^{-(a\mu - \lambda)z}}{1 - \dfrac{\lambda}{a\mu}}.$$

Insbesondere erhalten wir für den Sonderfall $a = 1$

$$P(Z > z) = \frac{p_0 \dfrac{\lambda}{\mu} e^{-(\mu - \lambda)z}}{1 - \dfrac{\lambda}{\mu}} = p_0 \frac{\lambda}{\mu - \lambda} e^{(\lambda - \mu)z},$$

wobei $\qquad\qquad p_0 = 1 - \dfrac{\lambda}{\mu}$ ist.

Wir wollen auf der nächsten Seite noch einige einfache Zahlenbeispiele für eine und für fünf Leitungen bei verschiedenen Verhältnissen von $\frac{\lambda}{\mu}$ angeben. Dabei ist p_0 die Wahrscheinlichkeit, daß keine Leitung belegt ist, während

$$W = \sum_{n=a+1}^{\infty} p_n$$

die Wahrscheinlichkeit darstellt, daß ein neu ankommender Anruf mit der angegebenen Wartezeit warten muß.

n	$a = 1$		$a = 5$			
	$\frac{\lambda}{\mu} = 0{,}5$	$\frac{\lambda}{\mu} = 0{,}75$	$\frac{\lambda}{\mu} = 0{,}5$	$\frac{\lambda}{\mu} = 1$	$\frac{\lambda}{\mu} = 2$	$\frac{\lambda}{\mu} = 4$
0	0,5000	0,2500	0,6065	0,3677	0,1343	0,0130
1	0,2500	0,1875	0,3033	0,3677	0,2687	0,0519
2	0,1250	0,1406	0,0758	0,1839	0,2687	0,1039
3	0,0625	0,1055	0,0126	0,0613	0,1791	0,1385
4	0,0312	0,0791	0,0016	0,0153	0,0896	0,1385
5	0,0156	0,0593	0,0002	0,0031	0,0358	0,1108
6	0,0078	0,0445	0,0000.	0,0006	0,0143	0,0887
7	0,0039	0,0334		0,0001	0,0057	0,0709
8	0,0020	0,0250		0,0000.	0,0023	0,0567
9	0,0010	0,0188			0,0009	0,0454
10	0,0005	0,0141			0,0004	0,0363
>10	0,0005	0,0422			0,0002	0,1453
W	0,2500	0,5625	0,0000.	0,0008	0,0239	0,4433

Die Verteilung der Wartezeiten für $a = 1$ ist

$$P(Z > z) = p_0 \frac{\lambda}{\mu - \lambda} \epsilon^{(\lambda - \mu)z}$$

und für $a = 5$

$$P(Z > z) = \frac{p_0}{120} \left(\frac{\lambda}{\mu}\right)^5 e^{-(5\mu - \lambda)z} \left(1 - \frac{\lambda}{5\mu}\right)^{-1}.$$

Wir haben seither immer angenommen, daß die Wahrscheinlichkeit für das Ankommen eines neuen Anrufs unabhängig von der Zahl der bereits geführten Gespräche sei. Falls jedoch die Zahl der Fernsprechteilnehmer von derselben Größenordnung wie die Anzahl der Leitungen

72

ist, macht sich eine starke Belegung der Leitungen dahingehend bemerkbar, daß die Wahrscheinlichkeit für die Ankunft eines neuen Gespräches kleiner wird.

Ein einfaches Beispiel für solche Verhältnisse soll genügen. Es seien im ganzen N Fernsprechteilnehmer vorhanden. Die Zahl der Leitungen sei ebenfalls N. Unser System befinde sich im Zustand E_n, wenn gerade n Teilnehmer Gespräche führen. Die Wahrscheinlichkeit für einen neuen Anruf im Zeitraum $\mathrm{d}t$ ist dann $\lambda(N-n)\mathrm{d}t + o(\mathrm{d}t)$ und die Wahrscheinlichkeit der Beendigung eines Gespräches ist $\mu n\,\mathrm{d}t + o(\mathrm{d}t)$. Wir erhalten damit einen Geburts- und Todesprozeß mit den Koeffizienten

$$\lambda_n = (N-n)\lambda \quad \text{und} \quad \mu_n = n\mu.$$

Damit ergeben sich die Differentialgleichungen

$$p_0'(t) = -N\lambda p_0(t) + \mu p_1(t),$$
$$p_n'(t) = (N-n+1)\lambda p_{n-1}(t) - [(N-n)\lambda + n\mu]p_n(t) + (n+1)\mu p_{n+1}(t)$$

und

$$p_N'(t) = \lambda p_{N-1}(t) - N\mu p_N(t).$$

Nach Satz 5 existieren die Grenzwerte, und es gelten für sie die obigen Gleichungen mit $p_n' = 0$.

Wir erhalten als Lösungen

$$p_n = \binom{N}{n}\left(\frac{\lambda}{\lambda+\mu}\right)^n\left(\frac{\mu}{\lambda+\mu}\right)^{N-n}.$$

Ein einfaches Zahlenbeispiel für $N = 10$, $\lambda = 0,75$ und $\mu = 0,25$ liefert die Werte

$p_0 = 0,0000.$		$p_6 = 0,146$	
$p_1 = 0,0000.$		$p_7 = 0,250$	
$p_2 = 0,001$		$p_8 = 0,282$	
$p_3 = 0,003$		$p_9 = 0,188$	
$p_4 = 0,016$		$p_{10} = 0,056$	
$p_5 = 0,058$			

3. Warteschlangen

Beim Publikumsverkehr vor Schaltern treffen oft die gleichen Voraussetzungen wie beim Telefonverkehr zu. Wir betrachten zunächst nur einen Schalter. Die ankommenden Personen sollen, wie die ankommenden Gespräche in der Telefonzentrale, einen Poissonschen Prozeß bilden und die Zeiten für die Bedienung am Schalter seien exponentiell verteilt.

Wir erhalten dann einen Geburts- und Todesprozeß mit den Koeffizienten

$$\lambda_n = \lambda \quad \text{und} \quad \mu_n = \mu,$$

wobei $\mu_0 = 0$ ist. Dies ist der Prozeß, den wir in II,6 behandelt haben. Er ergibt sich auch als Sonderfall aus einem Prozeß des vorigen Abschnitts. Dort war die Zahl der Leitungen endlich und gleich a, und die Gespräche konnten auf das Freiwerden einer Leitung warten. Wenn wir dort $a = 1$ setzen, erhalten wir die Verhältnisse vor einem Schalter. Das Ergebnis dafür lautet

$$p_n = \left(1 - \frac{\lambda}{\mu}\right)\left(\frac{\lambda}{\mu}\right)^n.$$

Für mehrere Schalter trifft dieses Modell nur dann zu, wenn für alle Schalter eine gemeinsame Warteschlange gebildet wird. Es lassen sich für die verschiedensten Verhältnisse Modelle konstruieren, die das Verhalten von Schlangen vor Schaltern beschreiben. Meist sind sie jedoch keine Markoffschen Prozesse, so daß wir sie hier nicht behandeln wollen.

Wir werden im Teil IV über Realisierungen einige einfache Beispiele für Schalterschlangen kennenlernen.

4. Bedienung und Wartung von Maschinen

Ein weiteres Anwendungsgebiet der Geburts- und Todesprozesse ergibt sich, wenn wir eine gewisse Anzahl m automatischer Maschinen betrachten, die von einer Zahl r von Reparaturfachleuten bedient werden. Wir setzen wieder fest:

Forderung 1:

Eine Maschine, die zur Zeit t läuft, wird mit der Wahrscheinlichkeit $\lambda dt + o(dt)$ während der Zeit dt einen Schaden erleiden, also reparaturbedürftig werden. Diese Wahrscheinlichkeit sei unabhängig von der Zeit (also auch von der Zeitdauer seit der letzten Reparatur) und unabhängig vom Zustand der anderen Maschinen.

Forderung 2:

Bei einer Maschine, die zur Zeit t repariert wird, kann mit der Wahrscheinlichkeit $\mu dt + o(dt)$ die Reparatur während der Zeit dt beendet werden. Diese Wahrscheinlichkeit sei unabhängig von der Dauer der Reparatur und unabhängig vom Zustand der anderen Maschinen. Es seien nun m Maschinen mit denselben Parametern λ und μ vorhanden. Wir nehmen an, daß nur ein Mann für die Reparaturen da ist. Sobald eine Maschine ausfällt, wird mit der Reparatur begonnen,

74

falls nicht gerade eine andere Maschine repariert wird. Unser System befindet sich im Zustand E_n, wenn gerade n Maschinen nicht arbeiten. Für $1 \leqslant n \leqslant m$ bedeutet dies, daß eine Maschine repariert wird und daß $n-1$ Maschinen auf Reparatur warten; im Zustand E_0 arbeiten alle Maschinen und der Reparaturfachmann hat nichts zu tun.

Ein Übergang von E_n nach E_{n+1} besteht darin, daß eine der $m-n$ arbeitenden Maschinen ausfällt, während ein Übergang von E_n nach E_{n-1} darin besteht, daß eine Maschine wieder zu arbeiten beginnt. Wir erhalten also einen Geburts- und Todesprozeß mit den Koeffizienten

$$\lambda_n = (m-n)\lambda, \ \mu_0 = 0 \ \text{und} \ \mu_n = \mu \ \text{für} \ 1 \leqslant n \leqslant m.$$

Daraus ergeben sich die Differentialgleichungen

$$p_0'(t) = -m\lambda p_0(t) + \mu p_1(t),$$

$$p_n'(t) = -\big((m-n)\lambda + \mu\big)p_n(t) + (m-n+1)\lambda p_{n-1}(t) + \mu p_{n+1}(t)$$

und

$$p_m'(t) = -\mu p_m(t) + \lambda p_{m-1}(t).$$

Wir betrachten nur die Grenzwerte für t gegen Unendlich. Diese existieren nach Satz 5 und ergeben sich aus den obigen Gleichungen, indem wir die linken Seiten gleich Null setzen. Als Lösung erhalten wir

$$p_{m-k} = \frac{1}{k!}\left(\frac{\mu}{\lambda}\right)^k p_m,$$

und aus

$$\sum_{n=0}^{m} p_n = 1$$

ergibt sich

$$p_m = \frac{1}{\sum\limits_{k=0}^{m} \frac{1}{k!}\left(\frac{\mu}{\lambda}\right)^k}$$

und

$$p_{m-k} = \frac{\frac{1}{k!}\left(\frac{\mu}{\lambda}\right)^k}{\sum\limits_{k=0}^{m} \frac{1}{k!}\left(\frac{\mu}{\lambda}\right)^k}.$$

Es seien nun für unsere m Maschinen r ($<m$) Reparaturfachleute vorhanden. Unser System sei im Zustand E_n mit $n < r$, falls n Maschinen repariert werden und somit $r-n$ Reparaturfachleute untätig sind. Für $n > r$ bedeutet der Zustand E_n, daß r Maschinen repariert werden und $n-r$ Maschinen auf Reparatur warten. Wir erhalten also die Koeffizienten

$$\lambda_0 = m\lambda, \qquad \mu_0 = 0,$$
$$\lambda_n = (m-n)\lambda, \qquad \mu_n = n\mu \qquad \text{für } 1 \leqslant n \leqslant r \text{ und}$$
$$\lambda_n = (m-n)\lambda, \qquad \mu_n = r\mu \qquad \text{für } r \leqslant n \leqslant m.$$

Wir können wieder die Differentialgleichungen anschreiben und die Grenzwerte der $p_n(t)$ für t gegen Unendlich bestimmen. Diese existieren wieder nach Satz 5, und wir können sie sukzessive berechnen, indem wir noch zusätzlich

$$\sum_{n=0}^{m} p_n = 1$$

fordern.

Wir geben nun zwei einfache Beispiele und vergleichen zum Schluß deren Güte.

1. Beispiel: $m = 6$, $r = 1$ und $\dfrac{\lambda}{\mu} = 0{,}1$.

n	Wartende Maschinen	p_n
0	0	0,48452
1	0	0,29071
2	1	0,14537
3	2	0,05814
4	3	0,01744
5	4	0,00349
6	5	0,00035

2. Beispiel: $m = 20$, $r = 3$ und $\dfrac{\lambda}{\mu} = 0{,}1$.

n	Maschinen in Reparatur	Wartende Maschinen	Untätige Reparaturfachleute	p_n
0	0	0	3	0,13625
1	1	0	2	0,27250
2	2	0	1	0,25888
3	3	0	0	0,15533
4	3	1	0	0,08802
5	3	2	0	0,04694
6	3	3	0	0,02347
7	3	4	0	0,01095
8	3	5	0	0,00475
9	3	6	0	0,00190
10	3	7	0	0,00070
11	3	8	0	0,00023
12	3	9	0	0,00007

Wir wollen nun die Güte der beiden Beispiele vergleichen. Dazu definieren wir den *Verlustkoeffizienten* für die Maschinen als

durchschnittliche Anzahl der auf Reparatur wartenden Maschinen geteilt durch die Anzahl der Maschinen m

und den Verlustkoeffizienten für die Reparaturfachleute als

durchschnittliche Anzahl der untätigen Reparaturfachleute geteilt durch die Anzahl der Reparaturfachleute r.

Je kleiner die Verlustkoeffizienten sind, desto vorteilhafter arbeiten unsere Anordnungen. Man wird in der Regel danach trachten, zuerst den Verlustkoeffizienten für Maschinen möglichst klein zu halten und dann erst auf den Verlustkoeffizienten für die Reparaturfachleute sehen. Für unsere beiden Beispiele erhalten wir:

	1. Beispiel	2. Beispiel
Anzahl der Maschinen	6	20
Anzahl der Reparaturfachleute	1	3
Maschinen pro Reparaturfachmann	6	$6\frac{2}{3}$
Verlustkoeffizient für Maschinen	0,0549	0,0169
Verlustkoeffizient für Reparaturfachleute	0,4845	0,4042

Man sieht, daß das zweite Beispiel um vieles vorteilhafter arbeitet als das erste. Der Verlustkoeffizient für die Maschinen ist wesentlich niedriger als im ersten Beispiel, obwohl sogar $6\frac{2}{3}$ Maschinen auf einen Reparaturfachmann entfallen. Hier dürfte die Anwendung der behandelten Modelle sehr reale Vorteile liefern.

5. Radioaktiver Zerfall

Für den radioaktiven Zerfall eines Elements können wir ein einfaches Modell angeben, das eine gute Näherung für die beobachteten Erscheinungen darstellt. Dabei bedeutet Zerfall, daß ein Atom des Elements unter Aussendung eines α- oder β-Teilchens in ein Atom anderer physikalischer Zusammensetzung übergeht. Wir führen nun die folgende Forderung ein:

Forderung 1:

Jedes Atom hat die Wahrscheinlichkeit $\mu dt + o(dt)$, während des Zeitintervalls $(t, t+dt)$ zu zerfallen. Diese Wahrscheinlichkeit ist unabhängig von der Zahl der unzerfallenen oder der zerfallenen Atome und unabhängig von der Zeit.

Zur Zeit $t = 0$ seien N unzerfallene Atome vorhanden. Es bezeichne $p_n(t) = P(X_t = n) = P(X_t = n/X_0 = N)$ die Wahrscheinlichkeit, daß zur Zeit t gerade noch n unzerfallene Atome vorhanden seien. Dann gilt mit ähnlichen Überlegungen wie für den reinen Geburtenprozeß

$$p_n(t+\mathrm{d}t) = p_n(t)\,(1-\mu n\,\mathrm{d}t)+p_{n+1}(t)\,(n+1)\mu\,\mathrm{d}t+\mathrm{o}(\mathrm{d}t)$$

und daraus erhalten wir

$$p_n'(t) = (n+1)\mu p_{n+1}(t)-n\mu p_n(t)$$

und

$$p_N'(t) = -N\mu p_N(t)$$

mit der Anfangsbedingung

$$p_n(0) = \delta_{nN}.$$

Dies ist ein reiner *Todesprozeß* mit $\mu_n = n\mu$, und als Lösung ergibt sich

$$p_n(t) = \binom{N}{n}\mathrm{e}^{-N\mu t}(\mathrm{e}^{\mu t}-1)^{N-n}$$

für

$$0 \leqslant n \leqslant N.$$

Außerdem ergibt sich für den Erwartungswert

$$E(X_t) = N\mathrm{e}^{-\mu t}$$

und für die Streuung

$$D^2(X_t) = N\mathrm{e}^{-\mu t}(1-\mathrm{e}^{-\mu t}).$$

Wenn wir mit der deterministischen Betrachtungsweise dieses Vorgangs vergleichen, so sehen wir, daß $x(t) = N\mathrm{e}^{-\mu t}$ gerade unserem Erwartungswert entspricht.

Als Grenzwerte für t gegen Unendlich erhalten wir

$$\lim_{t\to\infty} p_n(t) = 0 \quad \text{für} \quad 1 \leqslant n \leqslant N$$

und

$$\lim_{t\to\infty} p_0(t) = 1.$$

Man sieht daraus, daß nach sehr langer Zeit die meisten Atome zerfallen sind. Außerdem streben ja Erwartungswert und Streuung für t gegen Unendlich beide gegen Null.

6. Kosmische Strahlung

Die kosmische Strahlung setzt sich aus zwei Bestandteilen zusammen, nämlich aus der sogenannten harten und der weichen Strahlung. Die harte Strahlung besteht hauptsächlich aus Mesonen und durchdringt sogar meterdicke Bleiwände. Die weiche Strahlung besteht aus energiereichen Photonen und aus Elektronen hoher Geschwindigkeit. Sie wird bereits von wenigen Zentimeter starken Bleiwänden absorbiert. Für diese Strahlung wollen wir hier einige Modelle angeben.

Wir nehmen an, daß ein energiereiches Photon in ein Material eindringt. Dann wird dieses Photon auf dem Wegstück dt mit einer gewissen Wahrscheinlichkeit unter Aussendung eines Elektrons und eines Positrons absorbiert. Diese Wahrscheinlichkeit ist zunächst abhängig vom Material und von der Energie des Photons. t ist hier nicht die Zeit, sondern die durchlaufene Wegstrecke im Material.

Wir wollen nun sowohl Elektronen als auch Positronen einfach unter dem Ausdruck Elektronen zusammenfassen. Dann gilt für jedes Elektron, daß es beim Durchlaufen des Wegstückes dt ebenfalls mit einer gewissen Wahrscheinlichkeit unter Energieverlust ein Lichtquant ausstrahlt. Diese Wahrscheinlichkeit ist wiederum abhängig vom Material und von der Energie des Elektrons. Nun können die sekundären Photonen bzw. Elektronen wiederum neue Elektronen bzw. Photonen erzeugen, und so kann eine ganze Familie von Elektronen und Photonen entstehen, ein sogenannter Kaskadenschauer.

Da man in der Nebelkammer nur die Elektronen beobachtet, wollen wir hier nur Modelle angeben, in denen über die Zahl der Elektronen Aussagen gemacht werden.

Das erste einfache Modell wurde 1937 von *Bhaba* und *Heitler* angegeben. Es werden dabei folgende Forderungen eingeführt:

Forderung 1:

Die Wahrscheinlichkeit, daß auf dem Wegstück dt ein weiteres Elektron erzeugt wird, ist $\lambda dt + o(dt)$. Diese Wahrscheinlichkeit sei unabhängig von der Zahl der vorhandenen Elektronen, von ihrer Energie und von dem bereits zurückgelegten Weg.

Dieses Modell stellt natürlich nur eine sehr grobe Näherung dar. Wir erhalten als Lösung dieser Aufgabe die Gleichungen

$$p_0'(t) = -\lambda p_0(t)$$

und

$$p_n'(t) = \lambda p_{n-1}(t) - \lambda p_n(t)$$

mit der Anfangsbedingung $p_n(0) = \delta_{n1}$, falls an der Oberfläche des Materials (also bei $t = 0$) gerade ein Elektron vorhanden ist. Die Lösung dieses Gleichungssystems ist

$$p_n(t) = \frac{(\lambda t)^n}{n!}\, e^{-\lambda t}.$$

Dies ist wieder ein Poissonscher Prozeß mit der Intensität λ.

a

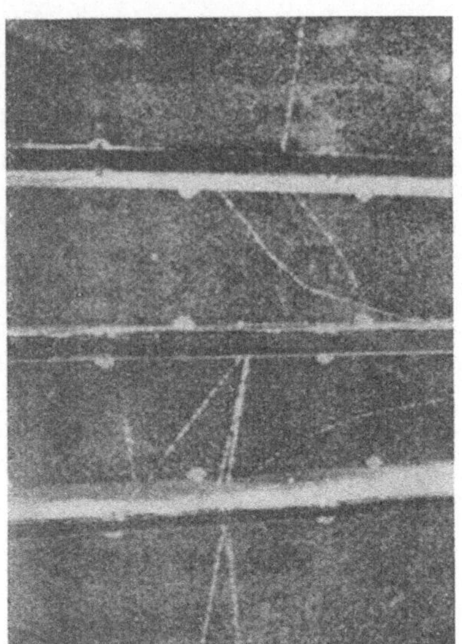

b

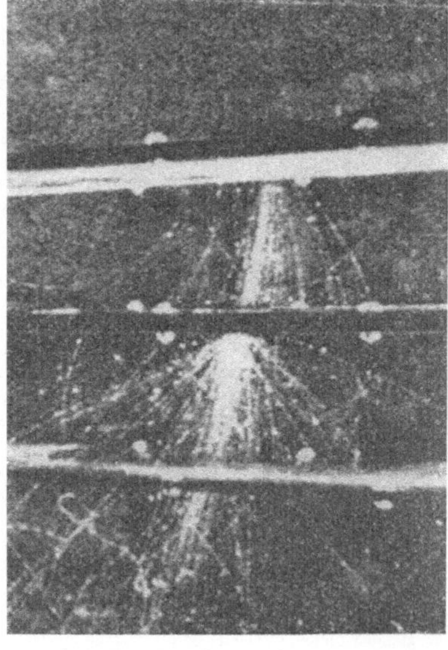

c

Abb. 1

Drei Nebelkammeraufnahmen von
Kaskadenschauern. Sie entstehen
in den quer zur Kammer gelegten
Bleiplatten.
In b) wird die Energie zwischen der
ersten und der zweiten Bleiplatte durch
ein Photon transportiert.
(Aufnahmen von Fussel und Street, aus
"Journal of the Franklin Institute",
227, 765 (1939)).

Das zweite Modell stammt von *Furry* und wurde ebenfalls 1937 als Verbesserung des ersten Modells vorgeschlagen. Es ersetzt die Forderung aus dem ersten Modell durch die

Forderung 1':

Jedes Elektron erzeugt mit der Wahrscheinlichkeit $\lambda \mathrm{d}t + \mathrm{o}(\mathrm{d}t)$ auf der Wegstrecke $\mathrm{d}t$ durch die angegebenen Reaktionen ein weiteres Elektron. Diese Wahrscheinlichkeit ist unabhängig von der Anzahl der bereits vorhandenen Elektronen und unabhängig von der Energie des betreffenden Elektrons.

Wir erhalten also wieder einen reinen Geburtenprozeß, bei dem diesmal die Geburtenrate $\lambda_n = \lambda n$ ist. Dies ergibt das Differentialgleichungssystem

$$p_1'(t) = -\lambda p_1(t)$$

und

$$p_n'(t) = \lambda(n-1)p_{n-1}(t) - \lambda n p_n(t),$$

falls wir wieder die Anfangsbedingung $p_n(0) = \delta_{n1}$ benützen. Als Lösung ergibt sich

$$p_n(t) = \mathrm{e}^{-\lambda t}(1 - \mathrm{e}^{-\lambda t})^{n-1}.$$

Der Erwartungswert $E(X_t) = \mathrm{e}^{\lambda t}$ strebt für t gegen Unendlich ebenfalls gegen Unendlich, während die Beobachtung zeigt, daß die mittlere Zahl der beobachteten Elektronen mit zunehmender Materialdicke t zunächst stark ansteigt und dann schnell wieder abnimmt.

Eine weitere Verbesserung stellt das dritte Modell dar. Wir lassen jetzt die Möglichkeit der Absorption eines Elektrons zu und führen dazu die weitere Forderung ein, nämlich

Forderung 2:

Jedes Elektron wird mit der Wahrscheinlichkeit $\mu \mathrm{d}t + \mathrm{o}(\mathrm{d}t)$ während des Wegstücks $\mathrm{d}t$ absorbiert. Diese Wahrscheinlichkeit sei unabhängig von der Zahl der vorhandenen Elektronen und unabhängig von der bereits durchlaufenen Wegstrecke t.

Mit diesen Annahmen erhalten wir einen Geburts- und Todesprozeß mit den Koeffizienten $\lambda_n = \lambda n$ und $\mu_n = \mu n$. Das Gleichungssystem und die Lösungen sind in II,3 angegeben worden.

Für den Erwartungswert erhalten wir

$$E(X_t) = \mathrm{e}^{(\lambda-\mu)t},$$

und für t gegen Unendlich strebt der Erwartungswert gegen Null, Eins oder Unendlich, je nachdem $\lambda < \mu$, $\lambda = \mu$ oder $\lambda > \mu$ ist.

Auch dieses Modell gibt noch keine befriedigende Annäherung an die Beobachtungen, da vor allem auch die beobachteten Streuungen wesentlich größer als die des Modells sind.

Um für den Erwartungswert den geforderten Verlauf, nämlich einen steilen Anstieg und einen raschen Abfall, zu erhalten, hat *Arley* [14] ein weiteres Modell eingeführt. Wir ersetzen die Forderung 2 durch die

Forderung 2′:

Jedes Elektron wird mit der Wahrscheinlichkeit $\mu t\, dt + o(dt)$ während des Wegstücks dt absorbiert.

Diese Annahme ist plausibel, denn die Elektronen verlieren umso mehr Energie, je größere Strecken t sie im Material durchlaufen, und damit wächst die Wahrscheinlichkeit, absorbiert zu werden. Wir erhalten jetzt einen inhomogenen Geburts- und Todesprozeß mit den Koeffizienten

$$\lambda_n(t) = \lambda n \quad \text{und} \quad \mu_n(t) = \mu t n.$$

Dies ist ein Sonderfall unseres inhomogenen Prozesses aus II,2, wobei jetzt allerdings der Parameter t nicht die Zeit, sondern die Weglänge im Material bedeutet. Das zugehörige Gleichungssystem lautet

$$p_0'(t) = \mu t p_1(t)$$

und

$$p_n'(t) = \lambda(n-1)p_{n-1}(t) - (\lambda + \mu t)n p_n(t) + \mu t(n+1)p_{n+1}(t)$$

mit der Anfangsbedingung $p_n(0) = \delta_{n1}$.

Wenn wir in die Formeln aus II,2 einsetzen, erhalten wir

$$r(t) = \frac{1}{2}\mu t^2 - \lambda t$$

und

$$W = 1 + \lambda \exp\left(-\frac{1}{2}\mu t^2 + \lambda t\right) \int_0^t \exp\left(\frac{1}{2}\mu \tau^2 - \lambda \tau\right) d\tau.$$

Wenn wir die Abkürzung

$$A = \lambda \int_0^t \exp\left(\frac{(\mu \tau - \lambda)^2}{2\mu}\right) d\tau$$

benützen, können wir die Lösungen in der Form

$$p_0(t) = 1 - \exp\left(\lambda t - \frac{\mu t^2}{2}\right)$$

und

$$p_n(t) = \exp\left(-\lambda t + \frac{\mu t^2}{2}\right) \cdot A^{n-1}\left(A + \exp\frac{(\mu t - \lambda)^2}{2\mu}\right)^{-(n+1)}$$

anschreiben. Das Integral in A und damit auch die $p_n(t)$ lassen sich nur numerisch auswerten.

Für den Erwartungswert erhalten wir jedoch

$$E(X_t) = \exp\left(\lambda t - \frac{\mu t^2}{2}\right).$$

und wir sehen, daß die Zahl der Teilchen zunächst zunimmt und dann rasch gegen Null abnimmt. *Arley* hat eine umfangreiche Reihe von Werten berechnet und eine gute Übereinstimmung mit den Beobachtungen gefunden.

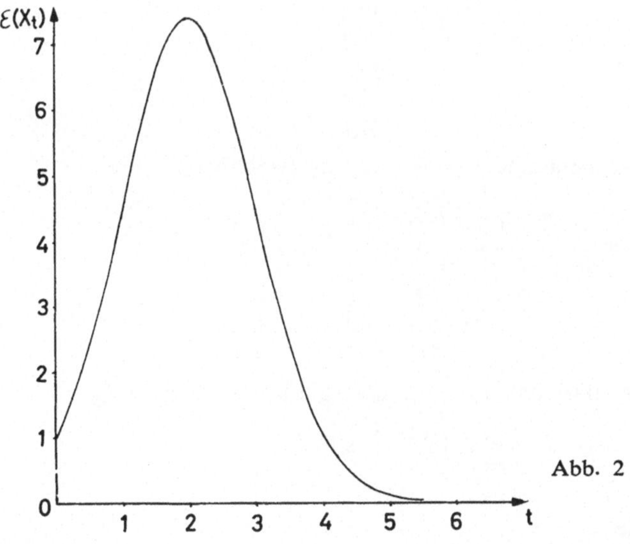

Abb. 2

Wir wollen hier lediglich noch ein einfaches Zahlenbeispiel geben. Wir setzen dazu $\lambda = 2$ und $\mu = 1$. Damit erhalten wir für den Erwartungswert

$$E(X_t) = \exp\left(2t - \frac{t^2}{2}\right).$$

Die Abbildung 2 zeigt den Verlauf des Erwartungswertes für unseres Beispiel.

Für die mittlere Lebensdauer T_m des Prozesses erhalten wir aus

$$\int\limits_0^{T_m} \exp\left(\frac{t^2}{2} - 2t\right) t \, \mathrm{d}t = 1$$

mit Hilfe graphischer Integration $T_m = 3{,}2$.
Für den Erwartungswert der Gesamtzahl der Elektronen erhalten wir

$$E(G_t) = 1 + \int\limits_0^t \exp\left(\lambda\tau - \frac{\mu\tau^2}{2}\right) \lambda \, \mathrm{d}\tau = 1 + 2 \int\limits_0^t \exp\left(2\tau - \frac{\tau^2}{2}\right) \mathrm{d}\tau$$

und daraus wieder durch graphische Integration

t	$E(G_t)$
0	1
1	6,0
2	18,6
3	31,2
4	36,2
5	37,0
∞	37,1

Außerdem gilt für beliebige $\mu \neq 0$ und für beliebige λ

$$\lim_{t\to\infty} p_0(t) = \frac{I}{1+I},$$

wobei

$$I = \int\limits_0^{\infty} \exp\left(\frac{\mu t^2}{2} - \lambda t\right) \mu t \, \mathrm{d}t \quad \text{ist.}$$

Wir sehen daraus, daß das Integral divergiert und demzufolge

$$\lim_{t\to\infty} p_0(t) = 1 \quad \text{gilt.}$$

7. Andere Modelle

Die in den Anwendungen behandelten Vorgänge lassen sich auch durch andere Modelle beschreiben. Wir wollen zunächst ausführlich einige deterministische Modelle untersuchen und dann einen Ausblick auf verschiedene andere Modelle geben.

7.1 Deterministische Modelle

Wir lassen hier keine zufälligen Ereignisse zu, sondern nehmen an, daß das Wachstum der Bevölkerung durch Anfangsgröße und durch

84

durchschnittliche Geburten- und Todesrate eindeutig bestimmt sei. Es sei $x(t)$ eine Funktion der Zeit und gebe näherungsweise die Größe der Bevölkerung zur Zeit t an. Wir fordern nun für unsere Funktion $x(t)$, daß in jedem Augenblick t die Änderung von x proportional zur Größe der Bevölkerung sei; der Proportionalitätsfaktor sei h. Wir erhalten dann für $x(t)$ die lineare Differentialgleichung

$$\frac{\mathrm{d}x}{\mathrm{d}t} = hx$$

oder

$$\frac{\mathrm{d}x}{x} = h\,\mathrm{d}t.$$

Falls zur Zeit $t = 0$ die Bevölkerungsgröße den Wert N hat, also $x(0) = N$ ist, erhalten wir

$$x(t) = N\,\mathrm{e}^{ht}.$$

Falls h von t abhängig ist, also die Differentialgleichung

$$\frac{\mathrm{d}x}{\mathrm{d}t} = h(t)\,x$$

gilt, erhalten wir als Lösung

$$x(t) = N \exp \int\limits_0^t h(\tau)\,\mathrm{d}\tau.$$

Im Falle eines reinen Geburtenprozesses setzen wir $h = \lambda > 0$, und unsere Größe x gibt dann gerade den Erwartungswert, den wir im Falle des einfachen Geburtenprozesses erhalten.
Falls es sich um einen Geburts- und Todesprozeß mit den Koeffizienten $\lambda_n = \lambda n$ und $\mu_n = \mu n$ handelt, ersetzen wir unser h durch die Differenz zwischen Geburten- und Todesrate des einzelnen Bevölkerungsgliedes und erhalten

$$x(t) = N\,\mathrm{e}^{(\lambda-\mu)t}.$$

Dies ist wieder der Erwartungswert für den einfachen Geburts- und Todesprozeß. Ist $\lambda > \mu$, so strebt $x(t)$ für t gegen Unendlich auch gegen Unendlich, ist dagegen $\lambda < \mu$, so strebt $x(t)$ für t gegen Unendlich gegen Null. Im Falle $\lambda = \mu$ erhalten wir die Differentialgleichung

$$\frac{\mathrm{d}x}{\mathrm{d}t} = 0 \quad \text{und daraus} \quad x(t) = N.$$

Auch dies ist der Erwartungswert des einfachen Geburts- und Todesprozesses mit $\lambda = \mu$.

Falls sowohl λ als auch μ Funktionen der Zeit t sind, erhalten wir die Differentialgleichung

$$\frac{\mathrm{d}x}{\mathrm{d}t} = \big(\lambda(t) - \mu(t)\big)\,x$$

und daraus die Lösung

$$x(t) = N \exp \int\limits_{0}^{t} \big(\lambda(\tau) - \mu(\tau)\big)\,\mathrm{d}\tau.$$

Wir erhalten die deterministische Beschreibung des radioaktiven Zerfalls, wenn wir $h = -\mu < 0$ setzen. Dann ist

$$\frac{\mathrm{d}x}{\mathrm{d}t} = -\mu x,$$

und die Lösung ist

$$x(t) = N\,\mathrm{e}^{-\mu t},$$

also wieder gleich dem Erwartungswert unseres Prozesses.
Man könnte nun fast annehmen, daß die deterministische Betrachtungsweise für alle Vorgänge den jeweiligen Erwartungswert der stochastischen Beschreibung liefert. Dies trifft jedoch nicht für alle Fälle zu. Wenn wir nämlich annehmen, daß sowohl Geburten- als auch Todesraten noch quadratische Glieder enthalten, kommen wir zu Wachstumsvorgängen, die als „logistisches" Wachstum bezeichnet werden. *Volterra* hat diese Modelle zur Beschreibung verschiedener Bevölkerungsentwicklungen angewandt, z.B. auf die Bevölkerungsentwicklung in einem begrenzten Lebensraum und auf die gegenseitigen Einflüsse bei der Entwicklung einer Raub- und einer Beuterasse.
Wir können wieder wie in II,7 zwei verschiedene Ansätze untersuchen. Für den Ansatz $\lambda_n = an - bn^2$ und $\mu_n = cn - dn^2$ setzen wir

$$a - c = g \quad \text{und} \quad b - d = h$$

und erhalten damit die Differentialgleichung

$$\frac{\mathrm{d}x}{\mathrm{d}t} = (g - hx)x,$$

wobei wieder die Anfangsbedingung $x(0) = N$ sei. Als Lösung ergibt sich

$$x(t) = \frac{N g\,\mathrm{e}^{gt}}{g + hN(\mathrm{e}^{gt} - 1)},$$

und wir sehen, daß für t gegen Unendlich $x(t) \to \dfrac{g}{h}$ strebt.

Wenn wir mit der Differentialgleichung für den Erwartungswert des stochastischen Prozesses in II,7 vergleichen, so sehen wir, daß dieser Erwartungswert kleiner ist als das obige Ergebnis.

Beim zweiten Ansatz mit den Koeffizienten $\lambda_n = an(N_2-n)$ und $\mu_n = bn(n-N_1)$ mit $N_1 < N_2$ ersetzen wir

$$aN_2+bN_1 = A \quad \text{und} \quad a+b = B$$

und erhalten damit die Differentialgleichung

$$\frac{\mathrm{d}x}{\mathrm{d}t} = (A+Bx)x$$

und daraus wieder die Lösung

$$x(t) = \frac{NA\,\mathrm{e}^{At}}{A+BN(\mathrm{e}^{At}-1)}.$$

Wenn wir die Werte für λ_n und μ_n wieder einsetzen, erhalten wir für t gegen Unendlich

$$\lim_{t\to\infty} x(t) = \frac{aN_2+bN_1}{a+b}.$$

Dies erweist sich wieder größer als unser Erwartungswert beim entsprechenden stochastischen Prozeß. Falls wir also eine Wechselwirkung zwischen den einzelnen Gliedern annehmen, ergibt sich beim stochastischen Prozeß ein kleinerer Erwartungswert als bei der deterministischen Schreibweise. Die stochastische Beschreibung ist also für diese Probleme angemessener.

Wir können auch die Verhältnisse in einer Telefonzentrale mit unendlich vielen Leitungen beschreiben. Im Zeitraum $\mathrm{d}t$ sollen $\lambda\mathrm{d}t$ Anrufe ankommen und $\mu x\,\mathrm{d}t$ Gespräche enden. $x(t)$ messe die Zahl der Gespräche. Dann gilt die Differentialgleichung

$$\frac{\mathrm{d}x}{\mathrm{d}t} = \lambda-\mu x,$$

und mit der Anfangsbedingung $x(0) = N$ erhalten wir als Lösung

$$x(t) = \frac{\lambda}{\mu}(1-\mathrm{e}^{-\mu t})+N\mathrm{e}^{-\mu t}.$$

Dies ist wieder der Erwartungswert unseres Prozesses aus II,5 mit den Koeffizienten $\lambda_n = \lambda$ und $\mu_n = \mu n$. Für t gegen Unendlich erhalten wir in beiden Fällen als Grenzwert $\dfrac{\lambda}{\mu}$.

7.2 Mehrdimensionale Markoff-Prozesse

Eine Erweiterung unserer· Theorie erhalten wir dadurch, daß die zufällige Veränderliche X_t in jedem Zeitpunkt t nicht *eine* ganze Zahl, sondern ein n-tupel von ganzen Zahlen als Ergebnis liefert. Die Realisierung eines Prozesses ist dann eine Funktion der Zeit t in einem n-dimensionalen Raum.

Die naheliegende Anwendung einer solchen Theorie im Sonderfall $n = 2$ ist die Entwicklung einer Bevölkerung, die aus zwei verschiedenen Typen von Mitgliedern besteht, also z.B. aus männlichen und weiblichen Mitgliedern. Wir wollen an diesem Beispiel kurz das Verhalten von mehrdimensionalen Prozessen zeigen.

Es seien X_t bzw. Y_t zwei zufällige Veränderliche, welche die Zahl der männlichen bzw. die Zahl der weiblichen Mitglieder der Bevölkerung angeben. $p_{x,y}(t)$ sei die Wahrscheinlichkeit, daß zur Zeit t gerade x männliche und y weibliche Mitglieder vorhanden sind, also

$$p_{x,y}(t) = P(X_t = x, Y_t = y).$$

Im einfachsten Fall entwickelt sich die Bevölkerung nach den folgenden Annahmen:

1. Jedes Glied der Bevölkerung bringt während der Zeit $\mathrm{d}t$ mit der Wahrscheinlichkeit $\lambda p\,\mathrm{d}t + \mathrm{o}(\mathrm{d}t)$ ein männliches Mitglied und mit der Wahrscheinlichkeit $\lambda q\,\mathrm{d}t + \mathrm{o}(\mathrm{d}t)$ ein weibliches Mitglied zur Bevölkerung hinzu. Dabei ist $p + q = 1$.

2. Jedes männliche Mitglied hat die Wahrscheinlichkeit $\mu\mathrm{d}t + \mathrm{o}(\mathrm{d}t)$, im Intervall $(t, t+\mathrm{d}t)$ zu sterben. Jedes weibliche Mitglied hat die Wahrscheinlichkeit $\mu'\mathrm{d}t + \mathrm{o}(\mathrm{d}t)$, im Intervall $(t, t+\mathrm{d}t)$ zu sterben.

Alle vorkommenden Wahrscheinlichkeiten seien unabhängig von der Zeit und unabhängig von der Anzahl der vorhandenen Bevölkerungsglieder.

Mit ähnlichen Überlegungen wie für den allgemeinen Geburts- und Todesprozeß erhalten wir das Differentialgleichungssystem:

$$\frac{\mathrm{d}}{\mathrm{d}t}p_{x,y}(t) = -\big((\lambda+\mu)x+\mu'y\big)p_{x,y}(t) + \big(\lambda p(x-1)\big)p_{x-1,y}(t)$$
$$+ \lambda q x p_{x,y-1}(t) + \mu(x+1)p_{x+1,y}(t)$$
$$+ \mu'(y+1)p_{x,y+1}(t) \quad \text{für } x, y \geqslant 1,$$

$$\frac{\mathrm{d}}{\mathrm{d}t}p_{x,0}(t) = -(\lambda+\mu)x p_{x,0}(t) + \lambda p(x-1)p_{x-1,0}(t)$$
$$+ \mu(x+1)p_{x+1,0}(t) + \mu'p_{x,1}(t) \quad \text{für } x \geqslant 1,$$

$$\frac{\mathrm{d}}{\mathrm{d}t}p_{0,y}(t) = -\mu'y p_{0,y}(t) + \mu p_{1,y}(t) + \mu'(y+1)p_{0,y+1}(t) \quad \text{für } y \geqslant 1$$

und

$$\frac{\mathrm{d}}{\mathrm{d}t}p_{0,0}(t) = \mu\,p_{1,0}(t) + \mu'p_{0,1}(t).$$

Wir wollen hier keine Lösungen herleiten. Es lassen sich jedoch mit Hilfe der erzeugenden Funktion

$$F(r, s, t) = \sum_{x=0}^{\infty} \sum_{y=0}^{\infty} p_{x,y}(t)r^x s^y$$

die Momente von X_t und Y_t berechnen. Ähnlich wie in II,2 für die Gesamtbevölkerung M_t, wo wir eigentlich auch schon einen zweidimensionalen Prozeß betrachtet haben, ergeben sich jetzt

$$E(X_t) = \mathrm{e}^{(\lambda p - \mu)t}$$

und

$$E(Y_t) = \frac{\lambda q}{\lambda p - \mu + \mu'}\,(\mathrm{e}^{(\lambda p - \mu)t} - \mathrm{e}^{-\mu't}).$$

Interessant ist hier das Verhältnis der beiden Erwartungswerte. Wir erhalten dafür

$$V(t) = \frac{E(X_t)}{E(Y_t)} = \frac{(\lambda p - \mu + \mu')\,\mathrm{e}^{(\lambda p - \mu)t}}{\lambda q(\mathrm{e}^{(\lambda p - \mu)t} - \mathrm{e}^{-\mu't})},$$

und für den Grenzwert für t gegen Unendlich ergibt sich, falls $\lambda p - \mu + \mu' > 0$

$$\lim_{t \to \infty} V(t) = \frac{\lambda p - \mu + \mu'}{\lambda q}.$$

Wenn die Todesrate für beide Geschlechter gleich ist, erhalten wir

$$V(t) = \frac{p\mathrm{e}^{\lambda pt}}{q(\mathrm{e}^{\lambda pt} - 1)}$$

und als Grenzwert $\dfrac{p}{q}$.

Auf ähnliche Weise lassen sich zum Beispiel Modelle für die Beschreibung der weichen Komponente der kosmischen Strahlung, welche sowohl die Zahl der Photonen als auch die Zahl der Elektronen berücksichtigen, konstruieren. Solche Modelle hat *Arley* [14] untersucht. Eine andere Möglichkeit, mehrdimensionale Prozesse zu verwenden, wurde von *Kendall* [20] angegeben. Er teilt die Bevölkerung in k Altersgruppen und betrachtet diese Gesamtheit als k-dimensionalen Prozeß. Im Grenzfall für k gegen Unendlich ergibt sich dann eine Gleichung für die Funktion $N(x, t)$, die so definiert ist, daß $\int_{x_1}^{x_2} dN(x, t)$ die Zahl der Bevölkerungsglieder angibt, die zur Zeit t in der Altersgruppe (x_1, x_2) sind.

7.3 Markoffsche Ketten

Schon vor den Markoff-Prozessen wurden die sogenannten Markoffschen Ketten zur Beschreibung der von uns betrachteten Vorgänge verwendet. Hier sind Übergänge des Systems aus einem Zustand in einen anderen nur in bestimmten Zeitpunkten möglich, für die man in der Regel die Folge der natürlichen Zahlen verwendet. Es handelt sich also um einen stochastischen Prozeß mit diskreter Zeit. Falls man jedoch große Zeiträume und damit die Grenzwerte für t gegen Unendlich betrachtet, erhalten wir in vielen Fällen dieselben Ergebnisse wie für unsere Prozesse mit stetiger Zeit. Hier wurde das Problem der Bevölkerungsentwicklung unter dem Namen *Irrfahrtproblem* behandelt.
Viele Überlegungen, die wir bei den Markoffschen Prozessen angestellt haben, lassen sich auf die Markoffschen Ketten übertragen, wenn wir statt der Zeit t die Zahl der Schritte n einsetzen. Dann gilt z.B. das manchmal auch als Markoffsche Gleichung bezeichnete Analogon zur Chapman-Kolmogoroffschen Gleichung

$$p_{ij}(m, n) = \sum_k p_{ik}(m, r) p_{kj}(r, n),$$

wobei r eine natürliche Zahl mit $m < r < n$ ist.

7.4 Stetige Markoff-Prozesse

Eine weitere Verallgemeinerung unserer Theorie ergibt sich, wenn wir X_t nicht nur ganze Zahlen, sondern Werte aus bestimmten endlichen oder unendlichen Intervallen annehmen lassen. Solche Prozesse sind unter dem Namen *Diffusionsprozesse* bekannt. Sie eignen sich jedoch kaum für die Beschreibung der bei uns behandelten Anwendungen. Wenn sich jedoch die betrachtete Größe sprunghaft um beliebige zufällige Beträge ändert, wie z.B. der Ort eines Teilchens, das eine Brownsche Bewegung ausführt, dann werden solche Prozesse mit Erfolg angewandt.

90

Will man das Verhalten von Bevölkerungen oder von Schalterschlangen beschreiben, bei denen die Verteilung der Lebensdauer bzw. der Gesprächsdauer stark von der Exponentialverteilung abweicht, muß man Prozesse einführen, die nicht mehr die Markoff-Eigenschaft besitzen und damit auch nicht mehr die Chapman-Kolmogoroffsche Gleichung befriedigen. Solche Prozesse sind bis jetzt nur in Spezialfällen behandelt worden, da sich dort sehr schwierige Beziehungen ergeben. Wenn man allerdings voraussetzen kann, daß z.B. die Bedienungszeit an einem Schalter konstant, d.h. nicht vom Zufall abhängig ist oder gewisse andere Verteilungen besitzt, können auch hier Lösungen hergeleitet werden.

IV. Realisierungen

1. Bevölkerungsentwicklungen

Wir wollen nun für einen Geburts- und Todesprozeß mit den Koeffizienten $\lambda_n = \lambda n$ und $\mu_n = \mu n$ ein Verfahren konstruieren, welches uns gestattet, künstliche Realisierungen herzustellen.

Wir nehmen an, daß unser System zur Zeit t gerade im Zustand E_m angekommen sei, und betrachten eine neue zufällige Veränderliche, nämlich die Zeit S bis zum nächsten Übergang. Dann führen wir noch zwei weitere zufällige Veränderliche ein, und zwar $Q = mS$ und die zufällige Veränderliche V, welche den Wert Eins haben soll, falls der folgende Übergang eine „Geburt" ist, und den Wert Null, falls es sich dabei um einen „Tod" handelt.

Wir betrachten nun die Wahrscheinlichkeit, daß zur Zeit $t+s+\mathrm{d}s$ unser Prozeß immer noch im Zustand E_m ist, also $P(X_{t+s+\mathrm{d}s} = m)$. Diese Wahrscheinlichkeit ist gleich dem Produkt der Wahrscheinlichkeiten, daß der Prozeß zur Zeit $t+s$ im Zustand E_m war, also $P(X_{t+s} = m) = p_m(t+s)$, und der Wahrscheinlichkeit, daß während der Zeit $\mathrm{d}t$ kein Übergang stattfand, also $1-m(\lambda+\mu)\,\mathrm{d}s+\mathrm{o}(\mathrm{d}s)$, denn diese beiden Wahrscheinlichkeiten sind voneinander unabhängig. Wir erhalten also

$$p_m(t+s+\mathrm{d}s) = 1-m(\lambda+\mu)\,\mathrm{d}s\,p_m(t+s)+\mathrm{o}(\mathrm{d}s)$$

oder

$$\frac{p_m(t+s+\mathrm{d}s)-p_m(t+s)}{\mathrm{d}s} = -m(\lambda+\mu)p_m(t+s)+\frac{\mathrm{o}(\mathrm{d}s)}{\mathrm{d}s}.$$

Daraus erhalten wir

$$p_m(t+s) = \mathrm{e}^{-m(\lambda+\mu)s}.$$

Nun ist aber $P(S \leqslant s) = 1-P(S > s) = 1-P(X_{t+s} = m) = 1-p_m(t+s)$ und somit die Wahrscheinlichkeitsverteilung der zufälligen Veränderlichen S

$$P(S \leqslant s) = 1-\mathrm{e}^{-m(\lambda+\mu)s}.$$

Daraus ergibt sich für die Dichte von S

$$(\lambda+\mu)m\,\mathrm{e}^{-(\lambda+\mu)ms} \qquad \text{für } 0 \leqslant s < \infty.$$

92

Mit ähnlichen Überlegungen ergibt sich die Wahrscheinlichkeit, daß das Intervall bis zum Übergang durch eine Geburt in $(s, s+\mathrm{d}s)$ beendet wird, zu

$$\lambda m\, e^{-(\lambda+\mu)ms}\, \mathrm{d}s.$$

Daraus folgt, daß

$$P(V = 1) = \frac{\lambda}{\lambda+\mu} \quad \text{und} \quad P(V = 0) = \frac{\mu}{\lambda+\mu}$$

ist, während sich für Q die Dichte

$$(\lambda+\mu)\, e^{-(\lambda+\mu)q} \quad \text{für } 0 \leqslant q < \infty$$

ergibt. Dabei sind Q und V voneinander unabhängig und unabhängig von allen vorhergehenden q- und v-Werten.

Man kann also den Geburts- und Todesprozeß durch ein gleichwertiges Modell ersetzen, indem man in der Reihenfolge

$$q_1, v_1, q_2, v_2, \ldots, q_r, v_r, \ldots$$

aus der gegebenen Q- und V-Verteilung Werte zufällig entnimmt und damit Schritt für Schritt

$$t_r = t_{r-1} + q_r/m_{r-1}$$

und

$$m_r = m_{r-1} + 2v_r - 1$$

berechnet, wobei die Anfangswerte $m_0 = N$ und $t_0 = 0$ sind.

Man hört mit diesem Verfahren auf, wenn entweder $m_r = 0$ (Absorption in E_0) oder wenn $t_r > T$ ist, wobei T eine vorgegebene Beobachtungszeit ist.

Die Funktion $X_t = m_r$ für $t_r \leqslant t < t_{r+1}$ für $r = 0, 1, 2, \ldots$ beschreibt dann im Intervall $0 \leqslant t \leqslant T$ das Wachstum einer Bevölkerung mit dem Anfangswert N, die sich nach den Gesetzen eines Geburts- und Todesprozesses entwickelt. In den nachher folgenden Beispielen wurden, um ein anschaulicheres Bild zu erhalten, die einzelnen Teilstücke der Funktion X_t durch senkrechte Striche verbunden. Die Funktion X_t selbst besteht aber nur aus den waagrechten Teilen.

Wir wollen nun Geburts- und Todesprozesse konstruieren, indem wir nach dem oben angegebenen Schema verfahren.

Als erstes Beispiel wählen wir

$$\lambda = \mu = 0{,}5, \quad N = 10 \quad \text{und} \quad T = 10.$$

Da $\lambda = \mu$ ist, können wir zufällige Werte für v leicht so erhalten, indem wir aus einer Menge von Zahlen, in der gerade und ungerade gleich oft vorkommen, zufällig eine Zahl herausgreifen und festsetzen

$$\text{gerade Zahl: } v = 1 \text{ (Geburt)}$$

$$\text{ungerade Zahl: } v = 0 \text{ (Tod)}.$$

Wir benützen dazu die „Tables of Random Sampling Numbers" von *Kendall* und *Smith* [26]. Für die Dichte der q-Werte erhalten wir in unserem Fall e^{-q}. Um hier zufällige Werte zu erhalten, bilden wir $x = e^{-q}$. Dann muß x gleichverteilt im Intervall $(0,1)$ sein. Die x-Werte erhalten wir so, indem wir aus einer Gesamtheit von Ziffern, in der jede Ziffer gleich oft vorkommt, jeweils zufällig vier Ziffern auswählen und $0, \ldots$ davorsetzen. Auch dazu benützen wir die angegebenen „Tables". Die Umkehrung entnehmen wir einer Tafel für die Exponentialfunktion. Wir geben hier die Zahlenwerte für den Anfang unserer ersten Realisierung:

t	s	m	q	x
0,000				
	0,161	10	1,612	0,1995
0,161		G		
	0,039	11	0,425	0,6540
0,200		T		
	0,011	10	0,107	0,8986
0,211		G		
	0,046	11	0,504	0,6041
0,257		G		
	0,087	12	1,031	0,3567
0,344		G		
	0,077	13	1,003	0,3669
0,421		T		
	0,265	12	3,182	0,0415
0,686		T		
	0,115	11	1,267	0,2816
0,801		G		
	0,074	12	0,887	0,4121
0,875		G		
	0,001	13	0,014	0,9836

Die Abbildungen 3 und 4 zeigen zwei verschiedene Realisierungen des Geburts- und Todesprozesses mit den Koeffizienten $\lambda_n = \lambda n$ und $\mu_n = \mu n$ für die Zahlenwerte

$$\lambda = \mu = 0{,}5.$$

Die Anfangsgröße der Bevölkerung ist $N = 10$.
In diesen Abbildungen erhalten wir für die Wahrscheinlichkeit des Aussterbens der Bevölkerung vor der Zeit $T = 10$

$$p_0(10) = \left(\frac{5}{1+5}\right)^{10} = 0{,}162$$

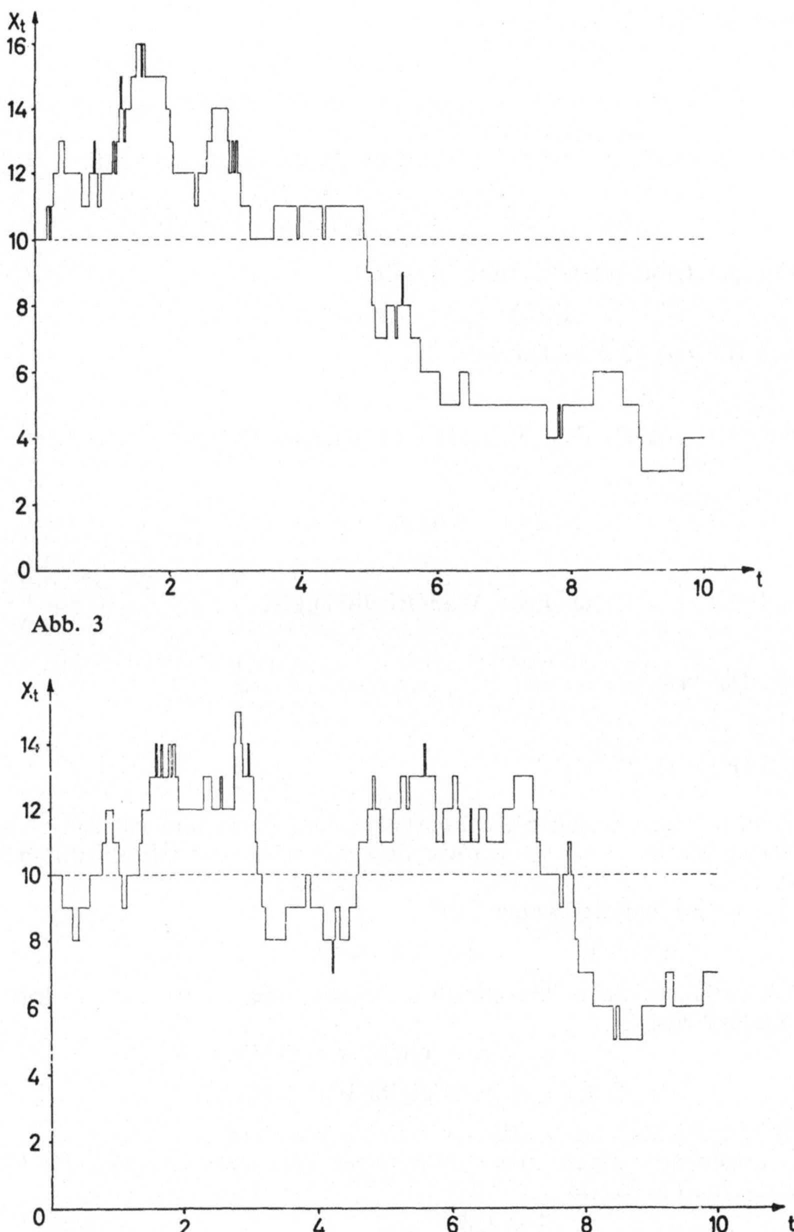

Abb. 3

Abb. 4

und für den Erwartungswert

$$E(X_t) = 10 \quad \text{für alle } t.$$

Der Verlauf des Erwartungswerts ist in den Abbildungen durch eine gestrichelte Linie gekennzeichnet.

Für die mittlere Lebensdauer dieses Prozesses erhalten wir

$$T_m = \frac{1}{\lambda(2^{1/N}-1)} = \frac{1}{0{,}5(2^{1/10}-1)} = 27{,}855.$$

Für die Gesamtbevölkerung G_t gilt

$$E(G_t) = N(1+\lambda t) = 10(1+0{,}5t),$$

und für $t = 10$ erhalten wir

$$E(G_{10}) = 60.$$

Wenn wir noch den Maximalwert unseres Prozesses betrachten, so gilt dafür

$$P(M(X) < m/X_0 = N) = \frac{m-N}{m},$$

und für $m = 12$ ist diese Wahrscheinlichkeit $\dfrac{1}{6}$,

für $m = 15$ $\dfrac{1}{3}$

und für $m = 20$ $\dfrac{1}{2}$.

Wenn wir unsere beiden Realisierungen betrachten und mit den obigen Werten vergleichen, so sehen wir, daß eine recht gute Übereinstimmung besteht.

Als zweites Beispiel wählen wir

$$\lambda = 0{,}4, \quad \mu = 0{,}6, \quad N = 10 \quad \text{und} \quad T = 10.$$

Wir verfahren nach dem gleichen Schema wie vorher, setzen jedoch diesesmal fest

$$1,\ 2,\ 3,\ 4 \text{ ergibt } v = 1 \text{ (Geburt)}$$

$$5,\ 6,\ 7,\ 8,\ 9,\ 0 \text{ ergibt } v = 0 \text{ (Tod)}.$$

Für die Dichte von Q erhalten wir e^{-q} wie oben.

Es folgen nun wieder zwei Abbildungen von Realisierungen des Prozesses für die Werte

$$\lambda = 0{,}4 \quad \text{und} \quad \mu = 0{,}6.$$

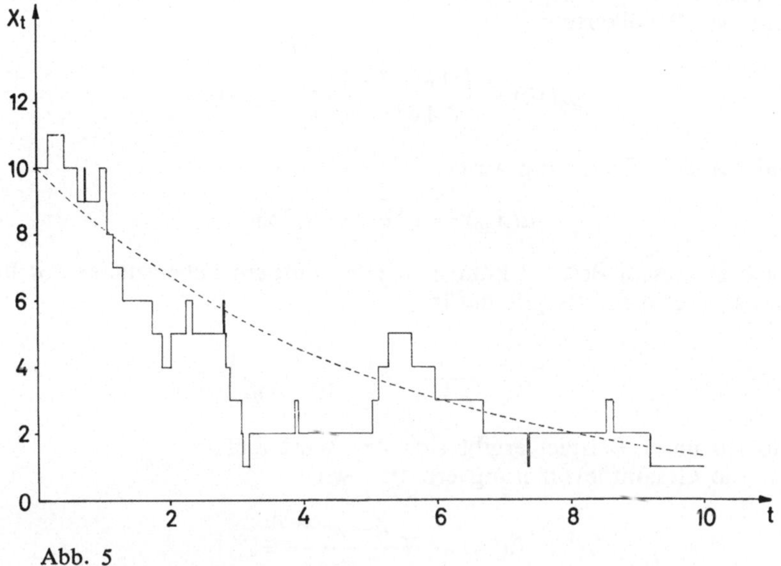

Abb. 5

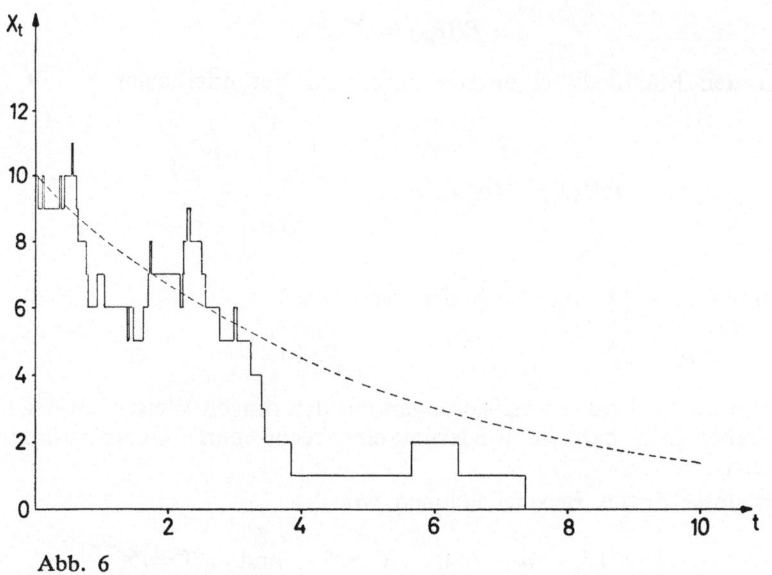

Abb. 6

In diesem Beispiel ergibt sich für die Wahrscheinlichkeit des Aussterbens der Bevölkerung

$$p_0(10) = \left(\frac{0{,}6(e^{-2}-1)}{0{,}4\,e^{-2}-0{,}6}\right)^{10} = 0{,}6015$$

und für den Erwartungswert

$$E(X_{10}) = 10\,e^{-2} = 1{,}353.$$

Auch in diesem Beispiel können wir die mittlere Lebensdauer des Prozesses berechnen. Es gilt dafür

$$T_m = \frac{1}{\mu-\lambda}\ln\left(\frac{2^{1/N}\mu-\lambda}{(2^{1/N}-1)\mu}\right),$$

und für unser Beispiel ergibt sich der Wert 8,6505.
Für die Gesamtbevölkerung erhalten wir

$$E(G_t) = N\,\frac{\mu-\lambda e^{(\lambda-\mu)t}}{\mu-\lambda},$$

und für $t = 10$ ergibt sich

$$E(G_{10}) = 27{,}294.$$

Für den Maximalwert unserer zufälligen Veränderlichen X_t gilt hier

$$PM(X) < (m/X_0 = N) = \frac{\left(\dfrac{\mu}{\lambda}\right)^N - \left(\dfrac{\mu}{\lambda}\right)^m}{1-\left(\dfrac{\mu}{\lambda}\right)^m},$$

und für $m = 12$ ergibt sich der Wert 0,561,
für $m = 15$ 0,871,
für $m = 20$ 0,981.

Wenn wir die beiden Realisierungen mit den obigen Werten vergleichen, so sehen wir, daß sie wiederum eine recht gute Übereinstimmung liefern.
Für unser drittes Beispiel nehmen wir

$$\lambda = 0{,}6, \quad \mu = 0{,}4, \quad N = 5 \quad \text{und} \quad T = 5.$$

Wir verfahren wieder nach dem gleichen Schema und setzen fest

$$1, 2, 3, 4, 5, 6 \text{ ergibt } v = 1 \text{ (Geburt)}$$
$$7, 8, 9, 0 \text{ ergibt } v = 0 \text{ (Tod).}$$

Für die Dichte von Q ergibt sich e^{-q} wie vorher.

Die beiden folgenden Abbildungen zeigen wieder zwei Realisierungen dieses Prozesses.

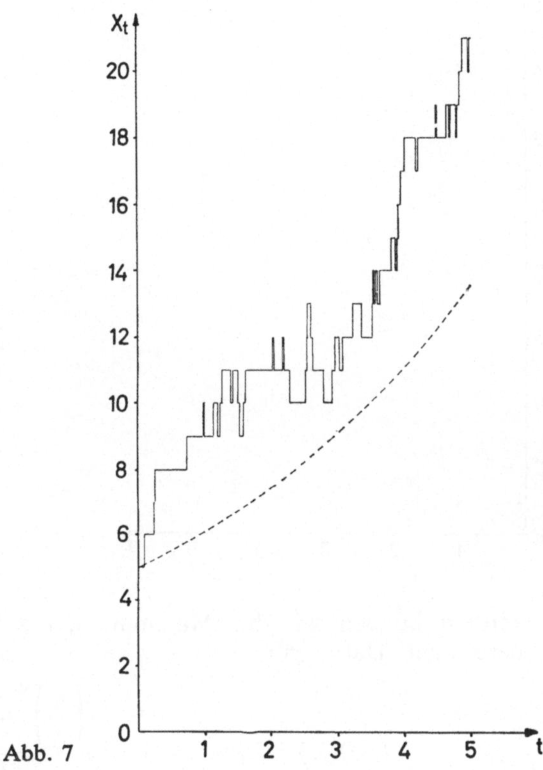

Abb. 7

In diesem Fall erhalten wir für die Wahrscheinlichkeit des Aussterbens

$$p_0(5) = 0,0543$$

und für den Erwartungswert zur Zeit $t = 5$

$$E(X_5) = 13,5914.$$

Hier erhalten wir für den Grenzwert der Wahrscheinlichkeit des Aussterbens

$$\lim_{t \to \infty} p_0(t) = \left(\frac{\mu}{\lambda}\right)^N = \left(\frac{0{,}4}{0{,}6}\right)^5 = 0{,}1317.$$

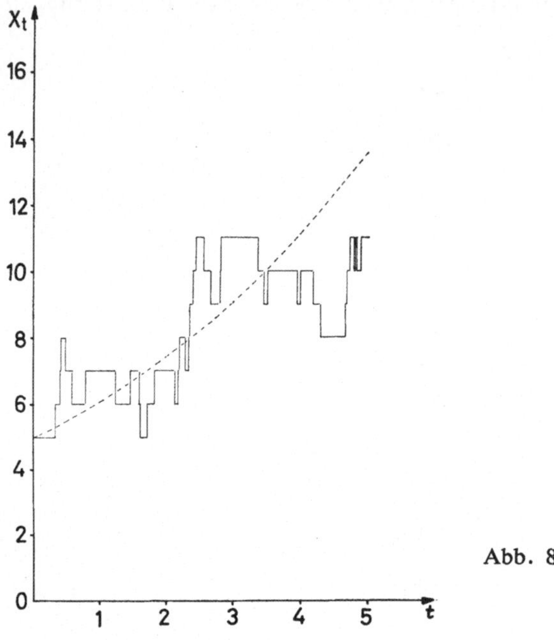

Abb. 8

Außerdem können wir das Maximum der zufälligen Veränderlichen X_t berechnen. Dafür gilt

$$P(M(X) < m/X_0 = N) = \frac{\left(\dfrac{\mu}{\lambda}\right)^N - \left(\dfrac{\mu}{\lambda}\right)^m}{1 - \left(\dfrac{\mu}{\lambda}\right)^m},$$

und wir erhalten für

$$
\begin{aligned}
m &= 6 \quad \text{den Wert} \quad 0{,}048, \\
m &= 8 \quad\phantom{\text{den Wert}}\quad 0{,}097, \\
m &= 10 \quad\phantom{\text{den Wert}}\quad 0{,}117, \\
m &= 20 \quad\phantom{\text{den Wert}}\quad 0{,}1315.
\end{aligned}
$$

Wenn wir m sehr groß, aber endlich wählen, nähert sich $P(M(X) < < m/X_0 = N)$ der Wahrscheinlichkeit der Absorption $p_0 = 0{,}1317$, denn nach sehr langer Zeit ist der Prozeß entweder in E_0 absorbiert worden oder hat sehr hohe Werte erreicht.

Für die Gesamtbevölkerung erhalten wir

$$E(G_t) = N\,\frac{\mu - \lambda e^{(\lambda-\mu)t}}{\mu-\lambda},$$

und für $t = 5$ ergibt sich

$$E(G_5) = 30{,}74.$$

Auch hier zeigen die beiden Realisierungen eine gute Übereinstimmung mit den berechneten Werten.

2. Schalterschlangen

Wir betrachten hier nur die Verhältnisse an einem Schalter und untersuchen die Anzahl der Personen vor dem Schalter. Falls keine Person am Schalter ist, sei unser System im Zustand E_0, falls gerade eine Person bedient wird, im Zustand E_1 und falls eine Person bedient wird und n Personen auf Bedienung warten, im Zustand E_{n+1}. Die ankommenden Personen sollen einen Poissonschen Prozeß mit der Intensität λ bilden und die Bedienungszeiten seien exponentiell verteilt, d.h. die Wahrscheinlichkeit, daß eine Person während des Zeitabschnitts $\mathrm{d}t$ abgefertigt wird, ist $\mu\,\mathrm{d}t + \mathrm{o}(\mathrm{d}t)$. Wir erhalten zur Beschreibung der Personenzahl vor dem Schalter einen Geburts- und Todesprozeß mit den Koeffizienten $\lambda_n = \lambda$ und $\mu_n = \mu$ für $n \geqslant 1$ und $\mu_0 = 0$. Wir können die Ergebnisse des vorigen Abschnitts verwenden, wenn wir dort λ bzw. μ jetzt durch $\dfrac{\lambda}{n}$ bzw. $\dfrac{\mu}{n}$ ersetzen.

Damit erhalten wir für die Dichte von S

$$(\lambda+\mu)e^{-(\lambda+\mu)s} \quad \text{für} \quad 0 \leqslant s < \infty.$$

Für V ergibt sich ebenso

$$P(V = 1) = \frac{\lambda}{\lambda+\mu} \quad \text{und} \quad P(V = 0) = \frac{\mu}{\lambda+\mu}.$$

Im Zustand E_0 können jedoch nur Geburten auftreten und die Dichte von S ergibt sich dort zu

$$\lambda\,e^{-\lambda s} \quad \text{für} \quad 0 \leqslant s < \infty.$$

Im Zustand E_0 müssen wir also die Zeiten bis zum nächsten Übergang aus einer anderen Verteilung entnehmen.

Wir berechnen jetzt wieder

$$t_r = t_{r-1} + s_r$$

und

$$m_r = m_{r-1} + 2v_r - 1$$

mit den Anfangswerten

$$m_0 = N \quad \text{und} \quad t_0 = 0.$$

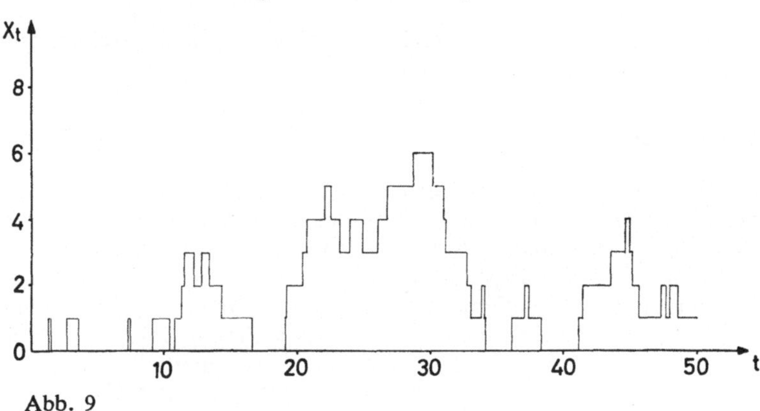

Abb. 9

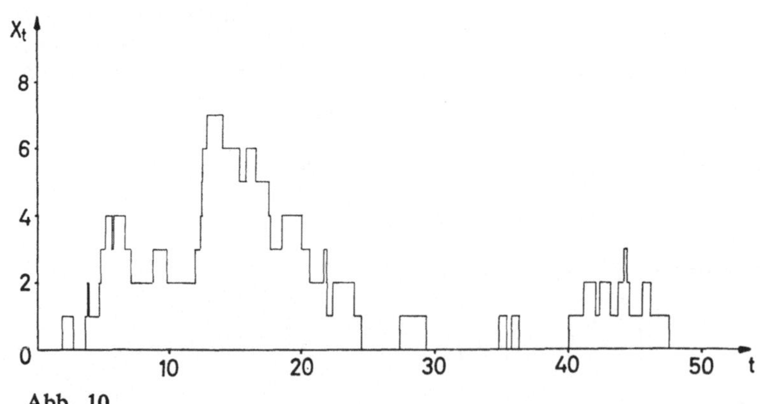

Abb. 10

Für einen reibungslosen Verkehr muß $\lambda < \mu$ sein, da sonst mit der Wahrscheinlichkeit Eins endlose Schlangen entstehen.

102

Die Abb. 9 und 10 zeigen zwei Realisierungen für die Werte

$$\lambda = 0,4 \quad \text{und} \quad \mu = 0,6.$$

Die Anfangsbedingung ist dabei $N = 0$ und die Beobachtungszeit ist $T = 50$.

Wir vergleichen noch die beobachteten Häufigkeiten mit den berechneten Wahrscheinlichkeiten.

Zustand	Wahrschein-lichkeiten	Häufigkeiten 1. Beispiel	Häufigkeiten 2. Beispiel
E_0	0,333	0,31	0,35
E_1	0,222	0,24	0,20
E_2	0,148	0,14	0,19
E_3	0,099	0,13	0,09
E_4	0,066	0,09	0,06
E_5	0,044	0,07	0,03
$E_{>5}$	0,088	0,01	0,07

Zum Abschluß betrachten wir noch ein Beispiel aus der Wirklichkeit. Es wurden zwei Stunden lang die Personen vor zwei Postschaltern beobachtet. Es ergab sich dafür der folgende Verlauf:

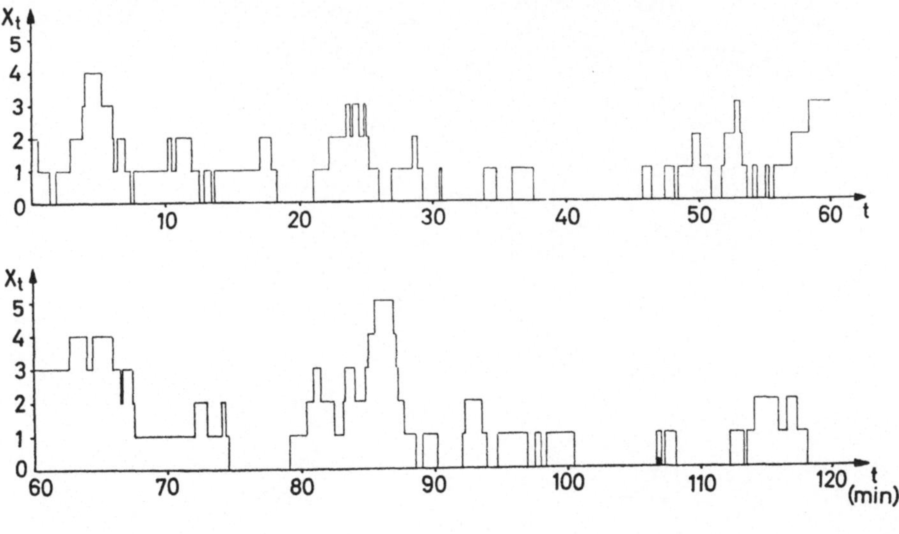

Abb. 11

103

Da für beide Schalter eine gemeinsame Warteschlange gebildet wurde, können wir unser Modell aus III,3 mit $a = 2$ anwenden. Wir stellen wieder die berechneten Wahrscheinlichkeiten und die beobachteten Häufigkeiten einander gegenüber und es zeigt sich eine recht gute Übereinstimmung.

Zustand	Wahrscheinlichkeiten	Häufigkeiten
E_0	0,333	0,354
E_1	0,333	0,361
E_2	0,167	0,150
E_3	0,083	0,086
E_4	0,042	0,042
E_5	0,021	0,011
$E_{>5}$	0,021	0

Wir haben dabei für das Verhältnis von λ zu μ näherungsweise die einfache Zahl 1 angenommen.

V. Literaturverzeichnis

Allgemeine Literatur

[1] *Bartlett, M.S.*, An Introduction to Stochastic Processes with Special Reference to Methods and Applications, Cambridge 1955.

[2] *Bharucha-Reid, A.T.*, Elements of the Theory of Markov Processes and their Applications, N.Y. 1960. Dieses Werk enthält ausführliche Literaturangaben für alle Gebiete.

[3] *Doob, J.L.*, Stochastic Processes, N.Y. 1953.

[4] *Feller, W.*, An Introduction to Probability Theory and its Applications, 2nd edition, N.Y. 1957.

[5] *Fisz, M.*, Wahrscheinlichkeitsrechnung und mathematische Statistik, Berlin 1958.

Zu I.4:

[6] *Kolmogoroff, A.N.*, Über die analytischen Methoden in der Wahrscheinlichkeitsrechnung, Math. Ann. **104**, 415—458 (1931).

Zu I.5:

[7] *Galton, F.* and *H. W. Watson*, On the Probability of the Extinction of Families, J. Anthrop. Inst. **4**, 138—144 (1874).

[8] *McKendrick, A. G.*, Studies on the Theory of Continuous Probabilities with Special Reference to its Bearing on Natural Phenomena of a Progressive Nature, Proc. Lond. Math. Soc. (2) **13**, 401 (1914).

[9] *Brockmeyer, E., H.L. Halström* and *A. Jensen*, The Life and Works of A. K. Erlang, 2nd edition, Copenhagen 1960.

[10] *Feller, W.*, Zur Theorie der stochastischen Prozesse (Existenz- und Eindeutigkeitssätze), Math. Ann. **113**, 113—160 (1937).

[11] *Feller, W.*, Die Grundlagen der Volterraschen Theorie des Kampfes ums Dasein in wahrscheinlichkeitstheoretischer Behandlung, Acta Biotheoretica **5**, 11—40 (1939).

[12] *Feller, W.*, On the Integrodifferential Equations of Completely Discontinuous Markov Processes, Trans. Am. Math. Soc. **48**, 488—515 (1940).

[13] *Palm, C.*, Intensitätsschwankungen im Fernsprechverkehr, Ericson Technics **44**, 1—189 (1943).

[14] *Arley, N.*, On the Theory of Stochastic Processes and their Application to the Theory of Cosmic Radiation (Dissertation), Copenhagen 1943.

[15] *Ledermann, W.* and *G. E. H. Reuter*, On the Differential Equations for the Transition Probabilities of Markov Processes with Enumerably Many States, Proc. Camb. Phil. Soc. **49**, 247—262 (1953).

[16] *Lederman, W.* and *G. E. H. Reuter*, Spectral Theory for the Differential Equations of Simple Birth and Death Processes, Phil. Trans. Roy. Soc. A **246**, 321—369 (1954).

[17] *Karlin, S.* and *J. L. McGregor*, The Differential Equations of Birth-and-Death Processes and the Stieltjes Moment Problem, Trans. Am. Math. Soc. **85**, 489—546 (1957).

[18] *Feller, W.*, On Boundaries and Lateral Conditions for the Kolmogorov Differential Equations, Ann. Math. **65**, 527—570, (1957).

Zu I.6:

[14] *Arley*

Zu I.7:

[19] *Ledermann, W.*, On the Asymptotic Probability Distribution for Certain Markoff Processes, Proc. Camb. Phil. Soc. **46**, 581—594 (1950).

Zu II.1:

[11] *Feller*

[20] *Kendall, D. G.*, Stochastic Processes and Population Growth, J. Roy. Stat. Soc. B **11**, 230—264 (1949).

Zu II.2:

[21] *Kendall, D. G.*, On the Generalized ,,Birth-and-Death" Process, Ann. Math. Stat. **19**, 1—15 (1948).

Zu II.3:

[6] *Kolmogoroff*

[9] *Brockmeyer*

[11] *Feller*

[20] *Kendall*

[22] *Feller, W.*, On the Theory of Stochastic Processes with Particular Reference to Applications, Proc. Berkeley Symp. on Math. Stat. and Prob. 1946.

Zu II.4:

[14] *Arley*

Zu III.1:

[11] *Feller*

[20] *Kendall*

[22] *Feller*

Zu III.2:

[9] *Brockmeyer*

[13] *Palm*

Zu III.3:

 [9] *Brockmeyer*

[23] *Kolmogoroff, A. N.*, Sur le problème d'attente, Mat. Sbornik, **38**, 101—106 (1931).

Zu III.4:

 [4] *Feller*

[24] *Palm, C.*, The Distribution of Repairmen in Serving Automatic Machines, Ind. Norden **75**, 75—80, 90—94, 119—123 (1947).

Zu III.6:

[14] *Arley*

Zu IV.1:

[25] *Kendall, D. G.*, An Artificial Realization of a Simple ,,Birth-and-Death'' Process J. Roy. Stat. Soc. B **12**, 116—119 (1950).

[26] *Kendall, M. G.* and *B. Babington Smith*, Tables of Random Sampling Numbers Tracts for Computers No. 24, Cambridge 1951.

VI Sachwortverzeichnis

Bei Definitionen sind die Seitenzahlen fett gedruckt.

Die Wissenschaft

Sammlung von Einzeldarstellungen aus allen Gebieten der Naturwissenschaft.

Vorliegende Bände